面向"十二五"高职高专规划教材
国家骨干高职院校建设项目课程改革研究成果

风力发电机组运行与维护

FENGLI
FADIANJIZU
YUNXING YU
WEIHU

主　编　董　晔　武晨华
副主编　刘敏丽　王　峰
参　编　田志刚

北京理工大学出版社
BEIJING INSTITUTE OF TECHNOLOGY PRESS

内 容 简 介

本书对以往的教学模式进行改革，切实按照"一线人才"的要求融"教""学""做"为一体，突出任务驱动的教学模式，强化学生的能力。采用图文并茂的方式重点介绍了风能资源的评价、风电场的选址、并网及联合运行的风力发电系统、风力发电机组主要部件的结构和工作原理、风力发电机组的运行、风力发电机组的维护，并以 1 500 MW 级风力发电机组为例，详细介绍了大型风力发电机组的主要部件、运行、维护与检修等方面的知识。

本书可作为高职高专院校三年制风能与动力技术专业的教材，也适合相关专业成人高校、中等职业学校相关专业使用，同时也可供风电场运行、维护等工程技术人员参考。

版权专有　侵权必究

图书在版编目（CIP）数据

风力发电机组运行与维护/董晔，武晨华主编 . —北京：北京理工大学出版社，2014.4（2020.4 重印）
ISBN 978 - 7 - 5640 - 8910 - 8

Ⅰ. ①风…　Ⅱ. ①董…　②武…　Ⅲ. ①风力发电机 - 发电机组 - 运行 - 高等学校 - 教材　②风力发电机 - 发电机组 - 维修 - 高等学校 - 教材　Ⅳ. ①TM315

中国版本图书馆 CIP 数据核字（2014）第 038369 号

出版发行 /北京理工大学出版社有限责任公司	
社　　　址 /北京市海淀区中关村南大街 5 号	
邮　　　编 /100081	
电　　　话 /(010) 68914775（总编室）	
82562903（教材售后服务热线）	
68948351（其他图书服务热线）	
网　　　址 /http：//www.bitpress.com.cn	
经　　　销 /全国各地新华书店	
印　　　刷 /北京虎彩文化传播有限公司	
开　　　本 /710 毫米 × 1000 毫米　1/16	
印　　　张 /11	责任编辑 /陈莉华
字　　　数 /176 千字	文案编辑 /张梦玲
版　　　次 /2014 年 4 月第 1 版　2020 年 4 月第 4 次印刷	责任校对 /周瑞红
定　　　价 /28.00 元	责任印制 /王美丽

图书出现印装质量问题，请拨打售后服务热线，本社负责调换

内蒙古机电职业技术学院
国家骨干高职院校建设项目"电厂热能动力装置专业"
教材编辑委员会

主　任　白陪珠　　内蒙古自治区经济和信息化委员会　副主任
　　　　　　　　　　　内蒙古机电职业技术学院校企合作发展理事会　理事长
　　　　　　张美清　　内蒙古机电职业技术学院　院长
　　　　　　　　　　　内蒙古机电职业技术学院校企合作发展理事会　常务副理事长

副主任　张　德　　内蒙古自治区经济和信息化委员会电力处　处长
　　　　　　　　　　　校企合作发展理事会电力分会　理事长
　　　　　　穆晓波　　内蒙古丰泰发电有限公司　总工程师
　　　　　　张海清　　呼和浩特金桥热电厂人力资源部　部长
　　　　　　周茂林　　内蒙古国电蒙能能源金山热电厂发电部　部长
　　　　　　张虎俊　　内蒙古丰泰发电有限公司发电部　部长
　　　　　　贾　晖　　呼和浩特金桥热电厂安检部　部长
　　　　　　孙喜平　　内蒙古机电职业技术学院　副院长
　　　　　　　　　　　内蒙古机电职业技术学院校企合作发展理事会　秘书长

委　员　田志刚　王　明　李　刚　内蒙古丰泰发电有限公司
　　　　　　闫水河　　　　　　　　　呼和浩特金桥热电厂
　　　　　　王美利　杨祥军　　　　　呼和浩特热电厂
　　　　　　王　峰　　　　　　　　　内蒙古华电巴音风力发电公司红泥井风电厂
　　　　　　武振华　　　　　　　　　神华准能矸石发电有限公司
　　　　　　甄发勇　　　　　　　　　北方联合电力内蒙古丰镇电厂
　　　　　　张　铭　　　　　　　　　内蒙古电力科学研究院
　　　　　　郑国栋　　　　　　　　　内蒙古京泰发电有限责任公司
　　　　　　刘敏丽　　　　　　　　　内蒙古机电职业技术学院

秘　书　李炳泉　　　　　　　　　北京理工大学出版社

序 PROLOGUE

　　从 20 世纪 80 年代至今的三十多年，我国的经济发展取得了令世界惊奇和赞叹的巨大成就。在这三十年里，中国高等职业教育经历了曲曲折折、起起伏伏的不平凡发展历程。从高等教育的辅助和配角地位，逐渐成为高等教育的重要组成部分，也成为实现中国高等教育大众化的生力军，还成为培养中国经济发展、产业升级换代迫切需要的高素质、高级技能型专门人才的主力军，并成为中国高等教育发展不可替代的半壁江山，在中国高等教育和经济社会发展中扮演着越来越重要的角色，发挥着越来越重要的作用。

　　为了推动高等职业教育的现代化进程，2010 年，教育部、财政部在国家示范高职院校建设的基础上，新增 100 所骨干高职院校建设计划（《教育部、财政部在关于进一步推进"国家示范性高等职业院校建设计划"实施工作的通知》教高〔2010〕8 号）。我院抢抓机遇，迎难而上，经过申报选拔，被教育部、财政部批准为全国百所"国家示范性高等职业院校建设计划"骨干高职院校立项建设单位之一，其中机电一体化技术（能源方向）、电力系统自动化技术、电厂热能动力装置、冶金技术 4 个专业为中央财政支持建设的重点专业，机械制造与自动化、水利水电建筑工程、汽车电子技术 3 个专业为地方财政支持建设的重点专业。

　　经过三年的建设与发展，我院校企合作体制得到创新，专业建设和课程改革得到加强，人才培养模式不断完善，人才培养质量得到提高，学院主动适应区域经济发展的能力不断提升，呈现出蓬勃发展的良好局面。建设期间，成立了由政府有关部门、企业和学院参加的校企合作发展理事会和二级专业分会，构建了"理事会—二级专业分会—校企合作工作站"的运行组织体系，形成了学院与企业人才共育、过程共管、成果共享、责任共担的紧密型合作办学体制。各专业积极与企业合作，适应内蒙古自治区产业结构升级需要，建立与市场需求联动的专业优化调整机制，及时调整了部分专业结构；同时与企业合作开发课程，改革课程体系和教学内容；与企业技术人员合作编写教材，编写了一大批与企业生产实际紧密结合的教材和讲义。这些教材、讲义在教学实践中，受到老师和学生的好评，被普遍认为理论适度，案例充实，应用性强。随着教学的不断深入，经过老师们的精心修改和进一步整理，汇编成册，付梓出版。相信这些汇聚了一线教学、工程技术人员心血的教材的出版，推广及应用，一定会对高职人才的培养起到积极的作用。

在本套教材出版之际，感谢辛勤工作的所有参编人员和各位专家。

内蒙古机电职业技术学院院长

前 言
PREFACE

风能是一种取之不尽却不排放任何污染物的可再生能源。我国三北地区（西北、华北北部、东北）及东南沿海地区有丰富的风能资源，近几年来我国的风力发电技术日趋成熟，三北地区的风电产业发展迅猛。目前我国累计风电装机容量排名世界第一，尤其是内蒙古自治区装机总容量居全国第一，相关职业岗位需求大，这就要求需加快培养和培训风力发电专业技术人员的步伐。为适应市场需求，很多院校相继开设了风力发电课程，但真正适用于"一线人材"的教材不多。

本书编者通过深入风力发电企业一线——内蒙古华电风力发电有限公司红泥井风电厂、内蒙古辉腾锡勒风电厂等企业进行调研，确定本书主要服务的对象是风电运行检修员。经编委组研讨，并对电力行业专家进行访谈，分析风电运行检修员岗位的典型工作任务和职业能力要求，结合"风力发电场岗位规范"中规定的岗位职责，归纳、整理相关的知识内容，编写出本书。

本书可作为高职高专技术院校风力发电专业学生及风力发电生产一线人员教学、培训和自学的教材，也可作为风电技术人员的学习参考资料。

本书的突出特点是：对以往的教学模式进行了改革，切实按照"一线人才"的要求融"教""学""做"为一体，强化学生的能力。从学生未来工作岗位的需求及可持续发展能力的培养出发，遵循以风电场生产过程为主线，以典型工作任务为导向设计课程的整体框架。保证风电运行检修员岗位所需知识与技能的完整性、连续性和实用性，又依据由易到难的职业能力成长规律来设置教学内容，最终凝练出三个学习项目，即风力发电系统认知、风力发电机组运行和风力发电机组维护。每个项目又包含多个典型工作任务，通过完成每一个工作任务，掌握相关知识，具备实操技能。同时以 1 500 kW 级风力发电机组为实例，将理论联系实际，实现学生的零距离就业。

本书由董晔、武晨华担任主编，刘敏丽、王峰担任副主编。具体编写分工如下：项目一由内蒙古机电职业技术学院的董晔和刘敏丽共同编写；项目二和项目三由内蒙古机电职业技术学院的武晨华和内蒙古华电辉腾锡勒风力发电有限公司的王峰共同编写，全书由董晔负责统稿。

本书在编写过程中得到内蒙古华电风力发电有限公司红泥井风电厂、内蒙古辉腾锡勒风电厂等企业的工程技术人员和内蒙古机电职业技术学院领导的大力支持和帮助，他们对本书的编写提出了很多宝贵意见。本书在编写过程中还参阅了大量参考文献、网上资料及相关出版物，在此一并表示真挚的感谢。

由于风力发电技术涉及面广，技术发展迅猛，知识更新快且编者水平有限，书中内容难免有不足和疏漏之处，敬请读者批评指正。

编　者

目 录
Contents

项目一　风力发电系统的认知 ……………………………………… 1
任务一　风力发电场的选址及风资源评价 …………………… 1
　　任务要求 ……………………………………………………… 1
　　知识学习 ……………………………………………………… 1
　　　　一、我国的风能资源 ……………………………………… 1
　　　　二、风能开发利用的重点区域 …………………………… 2
　　　　三、风电场选址技术 ……………………………………… 4
　　　　四、风电场的风资源评价 ………………………………… 10
　　实施建议 ……………………………………………………… 13
任务二　独立及并网运行的风力发电 ………………………… 13
　　任务要求 ……………………………………………………… 13
　　知识学习 ……………………………………………………… 13
　　　　一、独立运行的风力发电系统 …………………………… 13
　　　　二、并网运行的风力发电系统 …………………………… 15
　　实施建议 ……………………………………………………… 24
任务三　风力—柴油、风力—太阳光联合运行的风力发电 ……… 24
　　任务要求 ……………………………………………………… 24
　　知识学习 ……………………………………………………… 24
　　　　一、风力—柴油发电联合运行 …………………………… 24
　　　　二、风力—太阳光发电联合运行 ………………………… 29

　　　　实施建议 ………………………………………………………… 31
　任务四　独立和并网运行的风力发电系统中发电机的认知 ………… 31
　　　任务要求 ………………………………………………………… 31
　　　知识学习 ………………………………………………………… 31
　　　　一、独立运行风力发电系统中的发电机 ……………………… 31
　　　　二、并网运行风力发电系统中的发电机 ……………………… 41
　　　实施建议 ………………………………………………………… 57
　任务五　风力发电机组的蓄能装置认知 …………………………… 58
　　　任务要求 ………………………………………………………… 58
　　　知识学习 ………………………………………………………… 58
　　　实施建议 ………………………………………………………… 64
　任务六　风力发电机组偏航系统的认知 …………………………… 65
　　　任务要求 ………………………………………………………… 65
　　　知识学习 ………………………………………………………… 65
　　　　一、偏航系统的组成 …………………………………………… 65
　　　　二、偏航系统的技术要求 ……………………………………… 68
　　　　三、偏航控制系统 ……………………………………………… 70
　　　实施建议 ………………………………………………………… 71
　任务七　风力发电机组齿轮箱的认知 ……………………………… 71
　　　任务要求 ………………………………………………………… 71
　　　知识学习 ………………………………………………………… 71
　　　　一、齿轮箱的构造 ……………………………………………… 72
　　　　二、齿轮箱的主要零部件 ……………………………………… 74
　　　实施建议 ………………………………………………………… 80
　实例介绍　1 500 kW 双馈式风力发电机组 ……………………… 80
　　　　一、综述 ………………………………………………………… 80
　　　　二、风轮 ………………………………………………………… 83
　　　　三、机舱 ………………………………………………………… 85
　　　　四、塔架 ………………………………………………………… 94
　　　　五、基础 ………………………………………………………… 95
　　　　六、变频器 ……………………………………………………… 96

七、控制系统 …………………………………………………… 99

项目二　风力发电机组运行 …………………………………… 105
任务一　风力发电机组调试与验收 …………………………… 105
任务要求 ………………………………………………………… 105
知识学习 ………………………………………………………… 105
　　　一、风力发电机组调试 ………………………………………… 105
　　　二、风力发电机组试运行 ……………………………………… 106
　　　三、风力发电机组验收 ………………………………………… 106
实施建议 ………………………………………………………… 108
任务二　风力发电机组运行 …………………………………… 108
任务要求 ………………………………………………………… 108
知识学习 ………………………………………………………… 108
　　　一、风电场运行工作 …………………………………………… 108
　　　二、风电场机组运行 …………………………………………… 110
实施建议 ………………………………………………………… 116
实例介绍　1 500 kW 双馈式风力发电机组运行控制 ……… 117

项目三　风力发电机组维护 …………………………………… 120
任务一　风力发电机组部件维护 ……………………………… 120
任务要求 ………………………………………………………… 120
知识学习 ………………………………………………………… 120
　　　一、发电机维护 ………………………………………………… 120
　　　二、蓄电池维护 ………………………………………………… 123
　　　三、偏航系统维护 ……………………………………………… 124
　　　四、齿轮箱维护 ………………………………………………… 127
实施建议 ………………………………………………………… 130
任务二　机组检查及年度例行维护 …………………………… 130
任务要求 ………………………………………………………… 130
知识学习 ………………………………………………………… 130
　　　一、机组常规巡检和故障处理 ………………………………… 130

二、风力发电机组的年度例行维护 …………………………………… 133
三、运行维护记录的填写 …………………………………………… 137
四、风力发电机组的非常规维护 …………………………………… 138
 实施建议 ……………………………………………………………… 138
实例介绍 1 500 kW 风力机各部件维护工作 …………………………… 138
一、塔架 ……………………………………………………………… 138
二、风轮 ……………………………………………………………… 142
三、主轴 ……………………………………………………………… 148
四、齿轮箱 …………………………………………………………… 149
五、联轴器 …………………………………………………………… 150
六、发电机 …………………………………………………………… 150
七、偏航系统 ………………………………………………………… 152
八、液压系统 ………………………………………………………… 155
九、高速制动器 ……………………………………………………… 156
十、润滑冷却系统 …………………………………………………… 157
十一、电滑环检查 …………………………………………………… 158
十二、塔底控制系统、变频器 ……………………………………… 159
十三、机舱罩及提升机 ……………………………………………… 159
十四、风速风向仪及航空灯 ………………………………………… 160
十五、防雷接地系统 ………………………………………………… 160

参考文献 ……………………………………………………………………… 161

项目一

风力发电系统的认知

任务一 风力发电场的选址及风资源评价

任务要求

1. 了解我国的风能资源及风能开发利用的重点区域;
2. 熟悉风电场的风资源评价;
3. 掌握风电场的选址技术。

知识学习

一、我国的风能资源

我国幅员辽阔,海岸线长,风能资源丰富。在 20 世纪 80 年代后期和 2004—2005 年,中国气象局分别组织了第二次和第三次全国风能资源普查,根据第三次风能资源普查结果,我国技术可开发(风能功率密度在 150 W/m² 以上)的陆地面积约为 2×10^5 km²。考虑风电场中风力发电机组的实际布置能力,按照 5 MW/km² 计算,陆地上的风能可开发量为 1×10^6 MW。根据《全国海岸带和海涂资源综合调查报告》可知,我国大陆沿岸浅海 0~20 m 等深线的海域面积为 1.57×10^5 km²。2002 年,《全国海洋功能区划》对港口航运、渔业开发、旅游以及工程用海区等做了详细规划。如果避开上述这些区域,考虑其总量 10%~20% 的海面可以利用,风力发电机组的实际布置按照 5 MW/km² 计算,则近海风电装机容量为 2.5×10^5 MW。综合来看,我国可开发的风能潜力巨大,陆上加海上可装机总容量达 1.25×10^6 MW,风电具有成为未来能源重要组成部分的资源基础。

此外,2003—2005 年,联合国环境规划署组织国际研究机构,采用数值模拟方法开展了风能资源评价的研究,得出陆地上离地面 50 m 高度层的风能资源技术可开发量可以达到 1.4×10^6 MW 的结论。2006 年,国家气候中心也采用数值模拟方法对我国风能资源进行评价，得到的结果是：在不考虑青藏高原的情况下，全国陆地上离地面10 m高度层的风能资源技术可开发量为2.548×10^6 MW，大大超过第三次全国风能资源普查的结果。

我国的风能资源分布广泛，其中较为丰富的地区主要集中在北部（东北、华北、西北）地区和东南沿海地区及附近岛屿，此外，内陆也有个别风能丰富点。北部地区风能丰富带包括东北三省、河北、内蒙古、甘肃、宁夏和新疆等省（区）近200 km宽的地带。风功率密度在200~300 W/m²以上，有的可达500 W/m²以上的地区，如阿拉山口、达坂城、辉腾锡勒、锡林浩特的灰腾梁、承德围场等。沿海及其岛屿地区近海风能资源也非常丰富，风能丰富带包括山东、江苏、上海、浙江、福建、广东、广西和海南等省（市）沿海近10 km宽的地带，年风功率密度在200 W/m²以上，风功率密度线平行于海岸线。近海风能丰富区包括东南沿海水深5~20 m的海域，其面积辽阔，但受到航线、港口、养殖等海洋功能区划的限制，近海实际的技术可开发风能资源量远远小于陆上。不过在江苏、福建、山东和广东等地的近海风能资源丰富区距离电力负荷中心很近，近海风电可以成为这些地区未来发展的一项重要的清洁能源。除以上这几个风能丰富带之外，风功率密度一般在100 W/m²以下，但是有一些地区由于湖泊和特殊地形的影响，风能资源也较丰富。

我国的风能资源有两个特点：一是风能资源季节分布与水能资源互补。我国风能资源丰富，但季节分布不均匀，一般春、秋和冬季丰富，夏季贫乏。对于水能资源来说，雨季在南方大致是3—6月或4—7月，在这期间的降水量约占全年的50%~60%；在北方，不仅降水量小于南方，而且分布更不均匀，冬季是枯水季节，夏季为丰水季节。由此可看出，丰富的风能资源与水能资源季节分布刚好互补，大规模发展风力发电一定程度上可以弥补我国水电冬、春两季枯水期发电电力和电量欠缺的不足。二是风能资源地理分布与电力负荷不匹配。沿海地区电力负荷大，但是风能资源丰富的陆地面积小；北部地区风能资源很丰富，电力负荷却很小，因此这给风电的经济开发带来了困难。

二、风能开发利用的重点区域

中国的风电资源分布不平衡，主要的资源分布在北部和沿海地区，各省（市）之间资源也不平衡，风能分布比较丰富的省（市）、自治区主要有内蒙古、新疆、河北、吉林、辽宁、黑龙江、山东、江苏、福建和广东等，有望超过1×10^4 MW的省（区）主要有内蒙古、河北、吉林、甘肃、江苏和广东等，现分述如下：

（1）内蒙古自治区（风能资源）：10 m高度风功率密度大于150 W/m²的

面积约 1.05×10^6 km^2，技术可开发量约 1.5×10^5 MW。风能资源丰富的地区主要是东起呼伦贝尔西到巴彦淖尔广袤的草原和台地。最早的风电场建在苏尼特右旗的朱日和，1989 年安装了从美国引进的单机 100 kW 的变桨距下风式机组，20 世纪 90 年代中期重点开发察右中旗的辉腾锡勒风电场，安装的机组主要是从丹麦、德国和美国进口的，到 2004 年年底装机容量约 69 MW。2004 年以后，内蒙古东部加快风电发展，相继建成几个超过 100 MW 的风电场，如克什克腾旗的赛罕坝和翁牛特旗的孙家营。截至 2012 年年底，内蒙古风电装机容量为 $1.862\,38 \times 10^4$ MW，占全国风电并网装机的 24.7%。形成了塞罕坝、辉腾梁和辉腾锡勒三大风电基地，三者均有可能在 2020 年均达到 10^4 MW 的特大型风电基地。

（2）吉林省（风能资源）：10 m 高度风功率密度大于 150 W/m^2 的面积约 511 km^2，技术可开发量为上千万千瓦。风能资源丰富的地区主要有西部的白城、通榆、长岭和双辽等地。1999 年，在通榆的更生屯建设了第一个风电场，引进西班牙和德国的机组。5 年之后才在白城建第二个风电场，到 2012 年年底，吉林风电装机容量已经达到 $3.997\,4 \times 10^3$ MW，占全国装机总容量的 8.6%。

（3）河北省（风能资源）：10 m 高度风功率密度大于 150 W/m^2 的面积约 7 378 km^2，技术可开发量为 4 000 多万千瓦。风能资源丰富的地区主要有河北省北部的张家口市坝上地区、承德市的围场县和丰宁县，沿海岸线的黄骅港附近风能资源也较为丰富。1996 年，在张北县的"坝头"茵菜梁村附近建设了第一个风电场，安装了从丹麦、德国和美国进口的机组，装机容量近 1 万千瓦。2012 年年底，河北省风电装机容量达到 $7.978\,8 \times 10^3$ MW，主要分布在张家口和承德两地。

（4）甘肃省（风能资源）：甘肃地处河西走廊，10 m 高度风功率密度大于 150 W/m^2 的面积约 3×10^4 km^2，技术可开发量为上亿千瓦。风能资源丰富的地区主要有安西、酒泉等与新疆和内蒙古接壤的具有加大风速地形条件的地域。甘肃虽然发展风电起步较晚，却大有后发制人之势。2007 年年底，甘肃风电装机已经达到 408 MW，跃居全国第五位。甘肃省率先启动了全国第一个千万千瓦级风电项目，并且在第五次风电特许权招标中，一次性确定了 21 个风电场工程项目，总容量达到了 4×10^3 MW，成为世界上最大的风电项目。通过历次特许权招标，甘肃形成了独特的风电电价制度，基本上实现了一省一价。2012 年年底，甘肃省风电装机容量达到 6.479×10^3 MW。

（5）新疆维吾尔自治区（风能资源）：在新疆地区，10 m 高度风功率密度大于 150 W/m^2 的面积约 8×10^4 km^2，技术可开发量为上亿千瓦。风能资源丰富的地区主要有达坂城、小草湖和阿拉山口等具有加大风速地形条件的地域。新疆是我国最早大规模开发风电的省区，1986年就在达坂城附近安装了几台从丹麦引进的机组进行试验；1989年，利用丹麦政府赠款项目建设第一个风电场，共有13台150 kW机组，装机容量达1 950 kW，是当时全国规模最大的风电场。新疆为并网风电成为电力工业新的电源起到重要示范作用。直到2001年，新疆的风电装机容量在全国都居于首位，后来由于电网容量的限制，制约了风电的发展。2012年年底，新疆风电装机容量达到$3.306\ 1\times10^3$ MW。目前新疆正在开发吐哈风电，打造千万千瓦的风电基地，预计可与甘肃酒泉地区的千万千瓦风电基地一起，成为风电西电东送的源头。

（6）江苏省（风能资源）：江苏省风能资源总储量为3.469×10^4 MW，风能资源技术可开发区域面积约1 50 5 km^2，包括近海滩涂地区，技术可开发量可达千万千瓦。全省风能资源分布自沿海向内陆递减，沿海及太湖地区风能资源较为丰富，尤其是沿海岸地区，而内陆地区风能资源相对贫乏，风能资源有明显的东、西部差异。江苏省风电发展迅速，2003—2005年，连续三年参加国家风电特许权招标，总招标规模为450 MW。截至2012年年底，江苏省总装机容量为$2.372\ 1\times10^3$ MW。江苏率先提出了建设1×10^4 MW风电基地的设想，且在近海风电开发方面江苏具有得天独厚的优势。

三、风电场选址技术

风电场选址是风电场建设首先应解决的问题，也是风电场建设中关键的第一步，其直接关系到风电场经济效益的好坏。风电场选址在许多方面与水电厂、核电厂等存在同样的问题，但也有其特殊性：对一个已知的风力发电机组，在场址未确定以前，是不能估算该机组的年发电量的，这是风力发电与其他发电厂选址所不同的地方。风况决定着风力发电机组的发电量，这是风电场选址必需考虑的主要因素。

（一）风电场选址技术要素

风力发电的经济效益取决于风能资源、电网连接、交通运输、地质条件、地形地貌和社会经济等多方面复杂的因素，风电场选址时应综合考虑以上因素，避免因选址不当而造成损失。

1. 风能资源

建设风电场最基本的条件是要有能量丰富、风向稳定的风能资源。利用已有的测风数据以及其他地形地貌特征（如长期受风吹而变形的植物、风蚀地貌等），在一个较大范围内（如一个省、一个县或一个电网辖区）找出可能开发风电的区域，初选为风电场场址。

现有的测风数据是最有价值的资料，中国气象科学研究院和部分省区的有关部门绘制了全国或地区的风能资源分布图，按照风功率密度和有效风速出现小时数进行风能资源区的划分，标明了风能丰富的区域，可用于指导宏观选址。有些省（区）也已进行过风能资源的调查。某些地区因为完全没有或者只有很少现成的测风数据，还有些区域因为地形复杂，再加上风在空间的多变性，即使有现成的资料用来推算观测站附近的风况，其可靠性也受到限制。具体可采用以下定性方法初步判断风能资源是否丰富。

（1）地形地貌特征。

对缺少测风数据的丘陵和山地，可利用地形地貌特征进行风能资源评价。地形图是表明地形地貌特征的主要工具，采用1∶50 000的地形图可较详细地反映出地形特征。

1）从地形图上可以判别出发生较高平均风速区域的典型特征，具体如下：

① 在经常发生气压梯度剧烈变化区域的隘口和峡谷。

② 从山脉向下延伸的长峡谷。

③ 高原和台地。

④ 在强烈高空风区域暴露的山脊和山峰。

⑤ 在强烈高空风、温度或压力梯度剧烈变化区域暴露的海岸。

⑥ 岛屿的迎风和侧风角。

2）从地形图上可以判别出发生较低平均风速区域的典型特征，具体如下：

①垂直于高处盛行风向的峡谷。

②盆地。

③表面粗糙度大的区域（如森林覆盖的平地等）。

（2）风力造成的植物变形。

植物长期被风吹而导致永久变形的程度可以反映该地区风力特性的一般情况。特别是树的高度和形状能够作为持续风力强度和主风向的证据。树的变形受多种因素影响，包括树的种类、高度、暴露在风中的程度、生长季节和非生长季节的平均风速、年平均风速和持续的风向等。已经得到证明，年平均风速与树的变形程度关系最为紧密。

（3）受风力影响形成的地貌。

地表物质会因风吹而移动、沉积，形成干盐湖、沙丘和其他风成地貌，从而表明附近存在何种固定方向的强风，如山的迎风坡岩石裸露、背风坡砂砾堆积等。在缺少风速数据的地方，研究风成地貌有助于初步了解当地的风况。

（4）向当地居民调查了解。

有些地区由于气候的特殊性，各种风况特征不明显，可通过对当地长期居住居民的询问调查，定性了解该地区风能资源的情况。

2. 电网连接

并网型风力发电机组需要与电网相连接，场址选择时应尽量靠近电网。对小型的风电项目而言，要求离 10～35 kV 电网比较近；对比较大型的风电项目而言，要求离 110～220 kV 电网比较近。风电场离电网近不但可以降低并网投资，而且可以减少线路损耗，满足电压降要求。另外，还要考虑风力发电机组对电网的动态影响，风力发电机组的输出波动大，波动时间从数秒到数分钟级的波动应特别注意，因为这种波动在短时间内可能会影响常规发电设备的暂态稳定、系统频率控制和负荷潮流。因此接入的电网容量要足够大，以避免受风力发电机组随时启动并网、停机解列的影响。一般来讲，规划风能资源丰富的风电场，选址时应考虑接入系统的成本，并要与电网的发展相协调。

3. 地质条件

风力发电机组的基础位置最好是承载力强的基岩、密实的壤土或黏土等，并要求地下水位低，地震烈度小。

4. 交通条件

风能资源丰富的地区一般都在比较偏远的地区，如山脊、戈壁滩、草原和海岛等，必需拓宽现有道路并新修部分道路以满足大部件运输，其中有些部件的宽度可能超过 30 m。风电场选址时应考虑交通方便，便于设备运输，同时也要减少道路投资。

5. 地形条件

选择场址时，在主风向上要求尽可能开阔、宽敞、障碍物少、粗糙度低，对风速影响小。另外，场址地形应比较简单，便于大规模开发，有利于设备的运输、安装和管理。

6. 环境条件

与其他发电类型比较，风力发电对环境的影响很小。但在某些特殊的地方，环境也是风电场选址时必须考虑的因素。从目前来看，风电场对环境的影响主要表现在三个方面，即噪声、电磁干扰及对当地微气候和生态的影响。

7. 气象灾害

在风力发电机组选址时，应对某些气象条件予以考虑，这些气象条件用一个不确切的术语"灾害"来表示，其中有些气象现象能对风力发电机的结构造成灾害性威胁，另一些现象虽不能造成大害，但能增加维护成本，减少设备的运行时间和寿命。主要气象灾害有：结冰、台风、紊流、空气盐雾和风沙磨蚀等。

8. 社会经济因素

随着技术发展和风力发电机组生产批量的增加，风电成本将逐步降低。但目前中国风电上网电价仍比煤电高出约 0.3 元/(kW·h)。虽然风电对保护环境是有利的，但对那些经济发展缓慢、电网比较小、电价承受能力差的地区，会造成沉重的负担。因此风电场选址时应该有经济上的可行性。

风电场的度电（kW·h）成本是评价经济性的主要指标。度电成本可表示为：

$$C = \frac{A + M}{E_c} \quad (1-1)$$

式中：E_c 表示年发电量；M 表示年运行维护费用；A 表示项目投资每年等额折旧，可由下式计算：

$$A = P \frac{i(1+i)^n}{(1+i)^n - 1} \quad (1-2)$$

式中：P 表示总投资；i 表示贷款利率；n 表示折旧年限。

选择一个风能资源丰富的场址，安装与该场址风能特性相匹配的风力发电机组，可以提高机组的年发电量，从而减少装机成本。这也是要把具有最丰富风资源的地方作为候选风电场的主要原因。另外，风电场投资也是影响风电场经济性的主要因素。风电场投资包括风电场选址评估费、设备造价、设备运输、施工费，以及征地费、土建工程费、道路的修建费、接入系统的方式所需的费用等因素。

(二) 风电场选址步骤

风电场选址可分为 4 个步骤，其流程如图 1-1 所示。

1. 选择候选风能资源区

第一步，确定一个目标地区，然后对其进行筛选以确定位于其中的候选风能资源区。所谓候选风能资源区是指根据现有气象数据和经验，初步判断这些地区可能存在的可行性场址。候选风能资源区的大小将视目标地区的大小、在气象及地形学上的复杂程度以及所掌握的风能资源数据的详细程度而异。一旦确定了候选风能资源区的范围，就可以将其中的一个或几个可行性场址进行比选。完成第一步任务后应搜集下列各项数据：

(1) 现有的风能资源数据：目标地区的气象站、其他行业或企业已有的测风资料。

(2) 输配电线路的位置：目标地区电力系统各电压等级的地理接线图。

(3) 变电站的位置：收集接入系统点的变电站位置及主接线图，了解是否有备用间隔或扩建的可能性。

(4) 较好道路的位置：主要考虑桥梁承重和弯道半径。

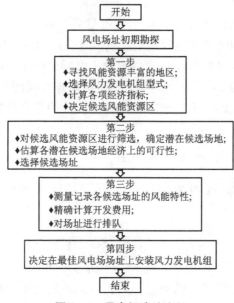

图1-1 风电场选址流程

(5) 本地区对选址的规定和要求。
(6) 地质条件对选址的限制。
(7) 所选用风力发电机组的一般技术性能。
(8) 所选用风力发电机组的典型安装费用。

2. 选择潜在的候选场址

所谓潜在的候选场址是指在候选风能资源区中的一小块场地，从工程的角度来看，这些地方安装风力发电机组是可行的。这一步的主要目的是在候选风能资源区中筛选出有吸引力的潜在候选场址。采用的办法是综合考虑风能资源和非气象因素（如接入系统的条件、交通条件等），需对两种类型，即风能资源好，但非气象因素差或反之的几个潜在候选场址进行初步的技术经济性比较（即第三步），选出少量的候选场址。然后在候选场址上用测风系统现场实测风能资源，从而取得候选场址内的风资源数据。测风塔杆高度应与风力发电机组轮毂预期安装高度相同。一般采取两种测试方法：一种方法是在候选风能资源区内评定最好的风区范围，然后使用非气象的因素筛选这些风区范围，并选择候选场址；另一种方法是先使用非气象的准则筛选候选风能资源区，然后评定该场址所具有的最好的风能资源，并且选择候选场址，再进一步收集以下数据：

(1) 候选风能资源区内的测风站位置和这些站的风数据资料。
(2) 候选风能资源区内的地形资料。

（3）在风资源分析中使用任何技术时所要求的全部资料。
（4）国家和当地的法令条例、规则和现场的要求。
（5）风力发电机组的建立或运行对当地环境的影响。
（6）有关现场地质的约束资料及相关的地质图。
（7）为了防止风力发电机组碎片对公众人身的伤害，需确定安全隔离区范围。
（8）道路、输配电线路及变电站的位置。
（9）对风电场安全性及其对环境的影响、运行方面的问题进一步评审。
（10）分析风力发电机的运行特性及价格。
（11）估算安装、运行和维护所需的全部费用。
（12）场址的详细特性——地形、地表特征及表层不平整度、盛行风、气象灾害情况。
（13）关于每个可能的候选场址潜在的环境影响资料。

3. 选择最佳场址

其是指从少数候选场址中选择最佳场址。这一步的主要目的是：

（1）收集每个场址风力特性的精确资料，以便对风力发电机组的发电量做出精确的估算。
（2）评估每个场址的经济价值。
（3）确定各场址风力发电机组的输出对系统的影响。
（4）确保风资源特性与规定风力发电机使用寿命的设计规范相匹配。
（5）对风力发电机组的环境影响和社会影响进行最终评审。

选择最佳场址所需的数据是：

（1）模拟发电，确定可能的运行性能所需的气象数据。
（2）满足选址规定和获得必要许可所需的各种环境和社会数据。
（3）设计一个完整的风力发电场所需的各种工程数据。
（4）估算场址开发费用所需的各种数据。
（5）处理生产成本模式所需的各种非气象数据。
（6）被考虑的风力发电机组的性能特性和运行策略。
（7）可能的气象灾害资料。

其中，搜集现场的数据十分关键，它直接影响经济可行性评估精度。因此有必要选用好的风速仪现场实测风速，其高度为轮毂中心高度，并且必须具有连续一年的测风数据。然后重新计算经济性，把最佳场址选出来。

4. 计划在最佳场址安装风力发电机组

把最佳场址确定以后，第四步就是有计划地分批分期安装风力发电机组。

如果各种条件都具备，就可以进行风力发电场的开工建设。

（三）风电场选址技术标准

1. 风能资源丰富区

反映风能资源丰富与否的主要指标有年平均风速、有效风能功率密度、有效风能利用小时数、容量系数等，这些要素越大，风能越丰富。根据我国风能资源的实际情况，将风能丰富区指标定为：年平均风速在 6 m/s 以上，年平均有效风能功率密度大于 300 W/m²，3~25 m/s 风速的小时数在 5 000 h 以上。

2. 容量系数较大地区

风力发电机组容量系数是指一个地点风力发电机组实际能够得到的平均输出功率与风力发电机组额定功率之比。容量系数越大，风力发电机组实际输出功率越大。风电场选在容量系数大于 30% 的地区有较明显的经济效益。

3. 风向稳定

可以利用风玫瑰图观察其主导风向频率是否在 30% 以上，若是，则可以认为风向是稳定的。

4. 风速年变化较小

我国属季风气候，冬季风大，夏季风小，但是在我国北部和沿海地区，由于天气和海陆的关系，风速年变化较小，其最小的月份也在 4~5 m/s 以上。

5. 气象灾害较少

在沿海地区，避开台风经常登陆的地点和雷暴易发生的地区。

6. 湍流度小

湍流强度受大气稳定和地面粗糙度的影响，所以在建风电场时，应避开上风方向地形起伏和障碍物较大的地区。

四、风电场的风资源评价

在风电场建设的可行性研究阶段需要对拟建风电场进行风资源评价，评价的主要目的是为风力发电机组选型及布置等提供依据，以便于对整个项目进行技术经济评价。

（一）风资源评价需要的基础资料

风电场的风资源分析评价，一般除收集当地气象站近 30 年的常规气象资料外，还应收集、整理风电场场址处至少连续一年 10 m 高处的风速、风向整编资料，且收集的有效数据不宜少于收集期的 90%。故一般拟建风电场场址处都应设立观测站，进行 1~3 年的连续风速、风向观测。观测站设立地点应选在拟建风电场范围内的代表性地点，一般为风电场中间部位。观测站周围的地表覆盖物不宜过高，且无其他对风速有影响的障碍物。观测站一般需设立铁塔并在其上安装测风仪，铁塔高度一般在 40～50 m，要分层观测风速和风向（分层是因为要反映出风速随高度的变化规律）。

观测项目主要为逐时的 10 min 平均风速、风向，一般采用自记方式。必要时可进行温度、湿度、大气压等项目的观测，以便和当地的气象站资料进行对比分析。风观测高度应选择为离地 10 m 的高处，还宜包括风力发电机机头预期安装的高度，一般分 2～3 层，如 10 m、30 m、50 m 高。测量数据精度应在所用仪器的规定误差内。

（二）观测数据的分析统计

在风速资料合理性分析中，对因种种原因造成的观测不合理数据要先进行处理，然后再进行整编统计。因风在一年四季中特征各不相同，故在进行观测资料统计时应采用整年的资料，否则会产生偏差。风资源评价一般需对观测资料进行以下几个项目的分析计算：

（1）风的日、月变化规律。

一般应挑出一个典型日和一个典型月，典型日逐时的风速变化能反映风的一般日变化规律；典型月逐日的风速变化能反映风的一般月变化规律。同时绘制典型日的逐时及典型月的逐日变化柱状图。

（2）年风向、风速频率统计。

此项目的统计可按常规方法，根据统计结果绘制出全年风向玫瑰图及风速玫瑰图。

（3）年有效小时数。

风力发电机组有切入和切出风速，切入风速一般为 3～4 m/s，切出风速一般取 25 m/s，切入到切出之间的风速称为有效风速。统计出每年累计风速值在有效风速范围内的小时数，然后将历年值平均，即得年有效小时数。

（4）各等级风速频率。

将风速值按 1 m/s 间隔划分为若干等级，统计各等级风速出现的次数，各等级次数除以各等级风速出现的总次数即此等级风速频率。根据统计结果绘制各等级风速频率图。

（5）有效风能密度。

按有效风速计算的风能密度称为有效风能密度。在单位时间内以风速 v 穿过面积为 F 的风轮的总功率，即风能的功率：

$$W = \frac{1}{2}\rho F v^3 \qquad (1-3)$$

式中：W 表示风能的功率（W）；ρ 表示空气的密度（kg/m³）；F 表示风力机叶片旋转一周的扫掠面积（m²）；v 表示风速（m/s）。

(三) 风电场年发电量的计算

单机年发电量为年平均各等级风速（有效风速范围内）的风速小时数乘以此风速等级对应的风力机输出功率的总和。其计算公式如下：

$$G = \sum N_i W_i \qquad (1-4)$$

式中：G 表示发电量（kW·h）；N_i 表示相应风速等级出现的全年累计小时数（h）；W_i 表示风力机在此等级风速下对应的输出功率（kW）。

风电场年发电量为各单机年发电量的总和。计算时采用的风力机功率表或功率曲线图必须是厂家提供的、自权威机构测定的风力机功率表或功率曲线图。标准空气密度是指标准大气压下的空气密度，一般为 1.225 kg/m³。在标准空气密度下，风力发电机组的输出功率与风速的关系曲线称为该风力发电机组的标准功率曲线。

(四) 风资源评价成果在技术经济分析中的应用

一般根据拟建风电场的实测风资料进行风资源评价的成果主要包括年有效风能密度、年有效小时数及年理论发电量等指标。前两项指标主要用于确认拟建场址是处属于"风能丰富区"还是"风能较丰富区"，是否具备建设风电场的基本条件。一般大型风力发电场拟建场址的风资源评价指标应满足"风能丰富区"的区划标准，即年平均有效风能密度大于 200 W/m²、3~20 m/s 风速的年累积小时大于 5 000 h、年平均风速在 6 m/s 以上的地区。

各等级风速频率表结合厂家提供的风力机功率表或功率曲线图进行理论发电量的计算，可作为风力机选型、布置以及装机容量的重要参考技术指标。

技术经济性比较主要指不同场址的年发电量结合其他技术指标的综合经济性技术比较或同一场址中不同设备、装机容量及风力机布置的不同方案的技术经济性比较，并对上述因素的不同而做出上网电价敏感性分析。由于目前状况下，风电设备的造价仍较高，在整个工程投资额中，设备投资占的比重在 60% 左右，整个工程的投资在 10 000 元/kW 左右，度电投资在 0.5 元/(kW·h) 左右，发电成本高，尚无法和常规电源（如坑口火力发电厂）竞争，只能作为常规电源的补充。故风电场的建设尚需有关政府部门的政策倾斜，主要包括提供融资、减税及提高其上网电价等。一般风电场的投资回收期在 10 年左右，所以应根据预期投产时间及 10 年中每年的运行费用和应偿还的贷款数等，按风资源评价的年发电量确定合理的上网电价。

(五) 风资源评价应遵循的有关规范及要求的图表

目前我国风力发电场可行性研究风资源评价应遵循的有关规范主要有：《地面气象观测规范》（中央气象局 2004 年发布）、《风力发电场项目可行性研究报告编制规范》（电力工业部 1997 年发布）、《风力发电场并网运行管理规定》（电力工业部 1994 发布）等。根据有关规范要求，风力发电场项目可行性研究报告要求的有关风力资源评价的附图、附表主要有以下几种：

（1）风电场址观测站的风速频率曲线。

（2）与场址观测站年份对应的气象台（站）风速频率曲线。

（3）风电场址观测站的风向玫瑰图。

（4）与场址观测站年份对应的气象台（站）风向玫瑰图。

（5）风电场址观测站的风能玫瑰图。

（6）与场址观测站年份对应的气象台（站）风能玫瑰图。

（7）风电场址观测站的年平均风速变化（1—12月）直方图。

（8）风电场址观测站的典型日平均风速变化（1—24 h）直方图。

实施建议

1. 建议整个任务按照资讯、决策、计划、实施、检查、评估六步法开展教学。（如教师提前公布项目任务，并提出获取资讯的方法与途径，同时对学生归纳的内容进行补充，提供指导意见，帮助学生制订方案，引导其实施方案，并对过程中存在的问题进行解答和纠正，最终评估学习结果。）

2. 建议在教学过程中以学生为主体，通过讲解、监督、讨论的形式组织教学。

任务二　独立及并网运行的风力发电

任务要求

1. 掌握两种独立运行的风力发电系统的工作原理；
2. 掌握并网运行风力发电系统的主要内容；
3. 掌握各种发电机与电网连接运行的工作原理。

知识学习

一、独立运行的风力发电系统

（一）直流系统

图 1-2 所示为一个由风力机驱动的小型直流发电机经蓄电池蓄能装置向电阻性负载供电的电路图，图中 L 代表电阻性负载（如照明灯等），J 为逆流继电器控制的动断触点。当风力减小、风力机转速降低而使直流发电机电压

低于蓄电池组电压时，发电机不能对蓄电池充电，而蓄电池却要向发电机反向送电。为了防止这种情况出现，在发电机电枢电路与蓄电池组之间装有由逆流继电器控制的动断触点，当直流发电机电压低于蓄电池组电压时，逆流继电器动作，断开动断触点J，使蓄电池不能向发电机反向供电。

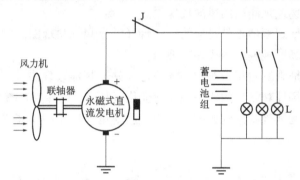

图1-2 独立运行的直流风力发电系统

在以蓄电池组作为蓄能装置的独立运行风力发电系统中，蓄电池组容量的选择至关重要，因为这是保证在无风期能对负载持续供电的关键因素，一般来说，蓄电池容量的选择与选定的风力发电机的额定数值（容量、电压等）、日负载（用电量）状况以及该风力发电机安装地区的风况（无风期持续时间）等有关，同时还应按10 h放电率电流值（蓄电池的最佳充放电电流值）的规定来计算蓄电池组的充电及放电电流值，以保证合理地使用蓄电池，延长蓄电池的使用寿命。

（二）交流系统

如果在蓄电池的正、负极接上电阻性的直流负载（见图1-3），则构成一个由交流风力发电机组经整流器组整流后向蓄电池充电及向直流负载供电的系统，如果在蓄电池的正、负极端接上逆变器，则可向交流负载供电，如图1-4所示。

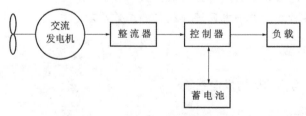

图1-3 交流发电机向直流负载供电

图1-4所示中的逆变器可以是单相逆变器，也可以是三相逆变器，视负载为单相或三相而定。照明及家用电器（如电视机、电冰箱等）只需单相交

项目一 风力发电系统的认知 15

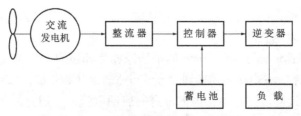

图1-4 交流发电机向交流负载供电

流电源,故选单相逆变器;对于动力负载(如电动机等)必须采用三相逆变器。在有蓄电池的独立运行的交流风力发电系统中,蓄电池容量的选择方法与直流系统相同。

二、并网运行的风力发电系统

(一)风力机驱动双速异步发电机与电网并联运行

1. 双速异步发电机的并网

近代异步发电机并网时多采用晶闸管软并网方法来限制并网瞬间的冲击电流,双速异步发电机与单速异步发电机一样也是通过晶闸管软并网方法来限制启动并网时的冲击电流,同时也在低速(低功率输出)与高速(高功率输出)绕组相互切换过程中起限制瞬变电流的作用,双速异步发电机通过晶闸管软切入并网的主电路,如图1-5所示,双速异步发电机启动并网及高、低输出功率的切换信号皆由计算机控制。

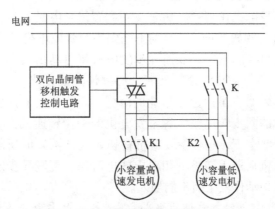

图1-5 双速异步发电机主电路连接

双速异步发电机的并网过程如下:

(1)当风速传感器测量的风速达到启动风速(一般为3.0~4.0 m/s)以上,并连续维持5~10 min时,控制系统计算机发出启动信号,风力机开始启动,此时发电机被切换到小容量低速绕组(例如6极,1 000 r/min),根据预定的启动电流值,当转速接近同步转速时,通过晶闸管接入电网,异步发电机进入低功率发电状态。

(2) 若风速传感器测量 1 min 的平均风速远超过启动风速(如 7.5 m/s),则风力机启动后,发电机被切换到大容量高速绕组(如 4 极,1 500 r/min),当发电机转速接近同步转速时,根据预定的启动电流值,通过晶闸管接入电网,异步发电机直接进入高功率发电状态。

2. 双速异步发电机的运行控制

双速异步发电机的运行状态,即高功率输出或低功率输出(在采用两台容量不同发电机的情况下,即大发电机运行或小发电机运行),其是通过功率控制来实现的。

(1) 小容量发电机向大容量发电机的切换。

当小容量发电机的输出在一定时间内(例如 5 min)的平均值达到某一设定值(例如小容量发电机额定功率的 75% 左右)时,通过计算机控制,将其自动切换到大容量发电机。为完成此过程,发电机暂时从电网中脱离出来,风力机转速升高,根据预先设定的启动电流值,当转速接近同步转速时通过晶闸管并入电网,所设定的电流值应根据风电场内变电所所允许投入的最大电流来确定。由于小容量发电机向大容量发电机的切换是由低速向高速的切换,故这一过程是在电动机状态下进行的。

(2) 大容量发电机向小容量发电机的切换。

当双速异步发电机在高输出功率(即大容量发电机)运行时,若输出功率在一定时间内(例如 5 min)平均下降到小容量发电机额定容量的 50% 以下时,通过计算机控制系统,双速异步发电机将自动由大容量发电机切换到小容量发电机(即低输出功率)运行,必须注意的是当大容量发电机切出、小容量发电机切入时,虽然由于风速的降低,风力机的转速已逐渐减慢,但因小容量发电机的同步转速较大容量发电机的同步转速低,故异步发电机将处于超同步转速状态下,小容量发电机在切入(并网)时所限定的电流值应小于小容量发电机在最大转矩下相对应的电流值,否则异步发电机会发生超速,导致超速保护动作发生而不能切入。

(二) 风力机驱动滑差可调的绕线式异步发电机与电网并联运行

在采用变桨距风力机的风力发电系统中,由于桨距调节有滞后时间,特别是在惯量大的风力机中,滞后现象更为突出,在阵风或风速变化频繁时,会导致桨距大幅度频繁调节,发电机输出功率也将大幅度波动,对电网造成不良影响。因此,单纯靠变桨距来调节风力机的功率输出,并不能实现发电机输出功率的稳定性,利用具有转子电流控制器的滑差可调异步发电机与变桨距风力机配合，共同完成发电机输出功率的调节，则能实现发电机电功率的稳定输出。具有转子电流控制器的滑差可调异步发电机与变桨距风力机配合时的控制原理如图1-6所示。

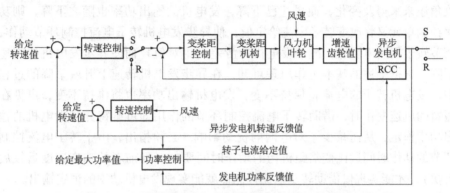

图1-6 变桨距风力机—滑差可调异步发电机控制原理

图1-6所示的变桨距风力机—滑差可调异步发电机的启动并网及并网后的运行状况如下：

（1）图1-6所示中的S代表机组启动并网前的控制方式，属于转速反馈控制。当风速达到启动风速时，风力机开始启动，随着转速的升高，风力机的叶片节距角连续变化，使发电机的转速上升到给定转速值（同步转速），继而发电机并入电网。

（2）图1-6所示中的R代表发电机并网后的控制方式，即功率控制方式。当发电机并入电网后，发电机的转速由于受到电网频率的牵制，转速的变化表现在发电机的滑差率上。风速较低时，发电机的滑差率较小，当风速低于额定风速时，通过转速控制环节、功率控制环节及RCC控制环节将发电机的滑差调到最小，此时滑差率为1%（即发电机的转速大于同步转速1%），同时通过变桨距机构将叶片攻角调至零，并保持在零附近，以便最有效地吸收风能。

（3）当风速达到额定风速时，发电机的输出功率达到额定值。

（4）当风速超过额定风速时，如果风速持续增加，风力机吸收的风能不断增大，风力机轴上的机械功率输出大于发电机输出的电功率，则发电机的转速上升，反馈到转速控制环节后，转速控制输出将使变桨距机构动作，改变风力机叶片攻角以保证发电机为额定输出功率不变，维持发电机在额定功率下运行。

（5）当风速在额定风速以上，风速处于不断的短时上升和下降的情况时，发电机输出功率的控制状况为：当风速上升时，发电机的输出功率上升，直至大于额定功率,则功率控制单元将改变转子电流给定值,使异步发电机转子电流控制环节动作,调节发电机转子回路电阻,增大异步发电机的滑差(绝对值),发电机的转速上升,由于风力机的变桨距机构有滞后效应,叶片攻角还未来得及变化,而风速已下降,发电机的输出功率也随之下降,则功率控制单元又将改变转子电流给定值,使异步发电机转子电流控制环节动作,调节转子回路电阻值,减小发电机的滑差(绝对值)而使异步发电机的转速下降。根据上述的基本工作原理可知,在异步发电机转速上升或下降的过程中,发电机转子的电流将保持不变,发电机输出功率也将维持不变,可见在短暂的风速变化时,借助转子电流控制环节的作用即可维持异步发电机的输出功率恒定,从而减少了对电网的扰动影响。必须指出,由于转子电流控制环节的动作时间远比变桨距机构的动作时间要少(即前者的响应速度远较后者快),才能实现仅借助转子电流控制器就能实现发电机功率的恒定输出。

滑差可调异步发电机运行时风速、发电机转速及发电机输出功率随时间的变化情况如图1-7所示,该图显示的是丹麦Vestas公司制造的由变桨距风力机及具有RCC控制环节的异步发电机组成的额定功率为660 kW的风力发电机组的运行状况曲线。由图1-7可知,在风速波动变化的情况下,由于异步发电机的滑差可调,保证了风力发电机在额定风速以上起伏时维持额定输出功率不变。

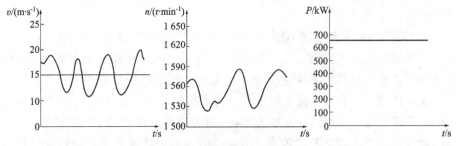

图1-7 滑差可调异步发电机运行时风速v、发电机转速n及输出功率P随时间t的变化曲线

(三) 变速风力机驱动双馈异步发电机与电网并联运行

现代兆瓦级以上的大型并网风力发电机组多采用风力机叶片桨距可调节及变速运行的方式,这种方式可以优化风力发电机组内部件的机械负载,优化系统内的电网质量。众所周知,风力机变速运行时将使与其连接的发电机也做变速运行,因此必须采用在变速运转时能发出恒频、恒压电能的发电机,才能实现与电网的连接。将具有绕线转子的双馈异步发电机与应用最新电力电子技术的IGBT变频器及PWM控制技术结合起来,就能实现这一目的,即

变速恒频发电系统。

1. 系统组成

由变桨距风力机及双馈异步发电机组成的变速恒频发电系统与电网的连接情况如图 1-8 所示。当风速变化时，系统工作情况如下：当风速降低时，风力机转速降低，异步发电机转子转速也降低，转子绕组电流产生的旋转磁场转速将低于异步发电机的同步转速 n_s，定子绕组感应电动势的频率 f 低于 f_1（50 Hz），与此同时转速测量装置立即将转速降低的信息反馈到控制转子电流频率的电路，进而使转子电流的频率增高，则转子旋转磁场的转速又回升到同步转速 n_s，这样定子绕组感应电势的频率 f 又恢复到额定频率 f_1（50 Hz）；同理，当风速增高时，风力机及异步发电机转子转速升高，异步发电机定子绕组感应电动势的频率将高于同步转速所对应的频率 f_1（50 Hz），测速装置会立即将转速和频率升高的信息反馈到控制转子电流频率的电路，进而使转子电流的频率降低，从而使转子旋转磁场的转速回降至同步转速 n_s，定子绕组的感应电动势频率重新恢复到频率 f_1（50 Hz）。必须注意，当超同步运行时，转子旋转磁场的转向应与转子自身的转向相反。因此，当超同步运行时，转子绕组应能自动变换相序，以使转子旋转磁场的旋转方向倒向。当异步发电机转子转速达到同步转速时，此时转子电流的频率应为零，即转子电流为直流电流，这与普通同步发电机转子励磁绕组内通入直流电是相同的。实际上，在这种情况下双馈异步发电机已经和普通同步发电机一样。

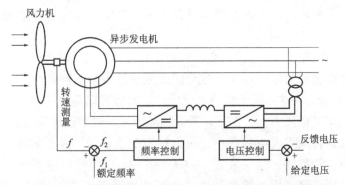

图 1-8 变速风力机—双馈异步发电机系统与电网连接

如图 1-8 所示，双馈异步发电机输出端电压的控制是靠控制发电机转子电流的大小来实现的。当发电机的负载增加时，发电机输出端电压降低，此信息由电压检测装置获得，并反馈到控制转子电流大小的电路，即通过控制三相半控或全控整流桥的晶闸管导通角使导通角增大，从而使发电机转子电流增加，定子绕组的感应电动势增高，发电机输出端电压恢复到额定电压。

反之，当发电机负载减小时，发电机输出端电压升高，通过电压检测后获得的反馈信息将使半控或全控整流桥的晶闸管的导通角减小，从而使转子电流减小，定子绕组输出端电压降至额定电压。

2. 系统的优越性

此类发电系统的优越性如下：

（1）这种变速恒频发电系统有能力控制异步发电机的滑差在恰当的数值范围内变化，因此可以优化风力机叶片的桨距调节，也就是可以减少风力机叶片桨距的调节次数，这对桨距调节机构是有利的。

（2）可降低风力发电机组运转时的噪声水平。

（3）可以降低机组剧烈的转矩起伏，从而能够减小所有部件的机械应力，这为减轻部件重量或研制大型风力发电机组提供了有力的保证。

（4）由于风力机是变速运行，其运行速度能够在一个较宽的范围内被调节到风力机的最优化效率数值，使风力机的 C_p 值得到优化，从而获得较高的系统效率。

（5）可以实现发电机低起伏的、平滑的电功率输出，达到优化系统内电网质量，同时减小发电机温度变化的目的。

（6）与电网连接简单，并可实现功率因数的调节。

（7）可实现几个相同的机组独立运行，也可实现并联运行。

（8）这种变速恒频系统内变频器的容量取决于发电机变速运行时最大滑差率，一般发电机的最大滑差率为 $\pm 25\% \sim \pm 35\%$，因此变频器的最大容量仅为发电机额定容量的 1/4 ~ 1/3。

（四）变速风力机驱动交流发电机经变频器与电网并联运行

由风力机驱动交流（同步）发电机经变频装置与电网并联的原理性框图如图 1-9 所示，在这种风力发电系统中，风力机可以是水平轴变桨距控制或失速控制的定桨距风力机，也可以是立轴风力机，例如达里厄（Darrieus）型风力机。在这种风力发电系统中，风力机为变速运行，因而交流发电机发出变频交流电，经整流—逆变装置（AC—DC—AC）转换后获得恒频交流电输出，再与电网并联，因此这种风力发电系统也属于变速恒频风力发电系统。风力机变速运行时可以做到使风力机维持或接近在最佳叶尖速比下运行，从而使风力机的 C_p 值达到或接近最佳值，实现更好地利用风能的目的。由于交流发电机是通过整流—逆变装置与电网连接，发电机的频率与电网的频率是彼此独立的，因此通常不会发生同步发电机并网时由于频率差而产生的冲击电流或冲击力矩问题，是一种较好的、平稳的并网方式。

这种系统的缺点是：需要将交流发电机发出的全部交流电能经整流—逆

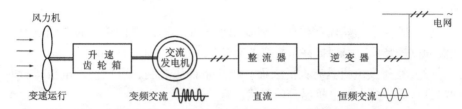

图1-9 风力机驱动交流发电机经整流—逆变装置与电网连接

变装置转换后送入电网，因此需采用大功率高电压的晶闸管，而电力电子器件的价格相对较高，控制也较复杂，此外，非正弦形逆变器在运行时产生的高频谐波电流流入电网，会影响电网的电能质量。

（五）风力机直接驱动低速交流发电机经变频器与电网连接运行

这种并网运行风力发电系统的特点是：由于采用了低速（多极）交流发电机，因此在风力机与交流发电机之间不需要安装升速齿轮箱，而使其成为无齿轮箱的直接驱动型变速恒频风力发电系统，如图1-10所示。

这种系统中的低速交流发电机，其转子的极数远远多于普通交流同步发电机的极数，因此这种发电机的转子外圆及定子内径尺寸大大增加，而其轴向长度则相对很短，呈圆环状，为了简化发电机的结构，减小发电机的体积和重量，采用永磁体励磁。

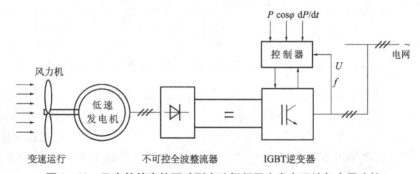

图1-10 无齿轮箱直接驱动型变速恒频风力发电系统与电网连接

由于IGBT（绝缘栅双极型晶体管）是一种结合大功率晶体管及功率场效应晶体管两者优点的复合型电力电子器件，它既具有工作速度快、驱动功率小的优点，又兼有大功率晶体管电流能力大、导通压降低的优点，因此在这种系统中多采用IGBT逆变器。

无齿轮箱直接驱动型风力发电系统的优点主要有以下几点：

（1）由于不采用齿轮箱，机组水平轴向的长度大大减小，电能生产的机械传动路径被缩短，避免了因齿轮箱旋转而产生的损耗、噪声以及材料的磨损，甚至漏油等问题，使机组的工作寿命更加有保障，也更适合于环境保护的要求。

(2) 避免了齿轮箱部件的维修及更换工作,不需要齿轮箱润滑油以及对油温的监控装置,因而提高了投资的有效性。

(3) 由于发电机具有大的表面,散热条件更有利,可以使发电机运行时的温升降低,减小发电机温升的起伏。

(六) 变速风力机经滑差连接器驱动同步发电机与电网并联运行

风力机驱动同步发电机与电网并联,当风速变化、风力机变速运行时,同步发电机输出端将发出变频、变压的交流电,致使其不能与电网并联。如果在风力机与同步发电机之间采用电磁滑差连接器来连接,则当风力机做变速运行时,借助电磁滑差连接器,同步发电机能发出恒频、恒压的交流电,可实现与电网的并联运行,这种系统的原理性框图如图 1-11 所示。

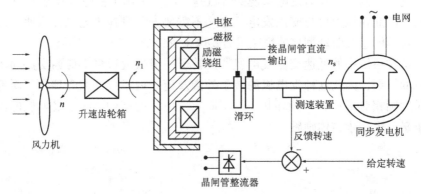

图 1-11 采用电磁滑差连接器的变速恒频风力发电系统原理框图

电磁滑差连接器是一个特殊的电力机械装置,起着离合器的作用,它由两个旋转的部分组成,一个旋转部分与原动机相连,另一个旋转部分与被驱动机械相连,这两个旋转部分之间没有机械上的连接,而是以电磁作用的方式来实现从原动机到被驱动机械之间的弹性连接并传递力矩。从结构上看,电磁滑差连接器与滑差电动机相似,如图 1-11 所示,它由电枢、磁极、励磁绕组、滑环及电刷组成,其励磁绕组由晶闸管整流器供给电流,励磁电流的大小则由晶闸管控制。

该系统的工作原理如下:

当风力机的转速由于风速的变化而改变时,电磁滑差连接器的主动轴转速 n_1 将随之变化,但与同步发电机连接的电磁滑差连接器的从动轴转速 n_2 (未标出)则通过速度负反馈,自动调节电磁滑差连接器的励磁电流而使其维持不变,也就是使电磁滑差连接器的主动轴与从动轴之间的转速差(即滑差)做相应的变化而加以保证,这一点从具有不同励磁电流时电磁滑差连接器的机械特性上就可以看出（见图 1 – 12）。

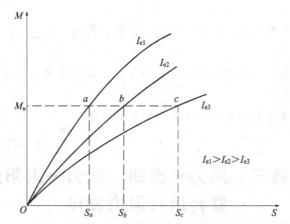

图 1 – 12　不同励磁电流时，电磁滑差连接装置的力矩—滑差特性

图 1 – 12 所示为励磁电流分别为 I_{e1}、I_{e2}、I_{e3} 时的 M—S 特性曲线。M 为通过电磁作用施加于从动轴上的力矩；S 为滑差，即 $S = \dfrac{n_1 - n_2}{n}$。设风力发电机组工作于励磁电流为 I_{e1} 的 M—S 特性曲线上的 a 点，此时力矩为 M_n，电磁滑差连接器的主动轴转速为 n_1，从动轴转速 $n_2 = n_s$（n_s 为同步发电机的同步转速），现若风速加大，风力机转速 n 及电磁滑差连接器的主动轴转速 n_1 皆升高，从动轴转速 n_2 也将升高，但通过测速装置及转速负反馈，及时调节励磁电流由 I_{e1} 变为 I_{e2}，则风力发电机组将工作于励磁电流为 I_{e2} 的 M—S 特性曲线上的 b 点，从而维持作用于同步发电机轴上的力矩为 M_n 不变，且从动轴的转速 $n_2 = n_s$ 也维持不变，这样同步发电机输出端的电压及频率皆将维持为额定值不变，但此时电磁滑差连接器的滑差已由 a 点的 S_a 变为 b 点的 S_b。同理当风速继续增大时，则风力发电机组将由 b 点过渡到 c 点，而滑差则由 S_b 变为 S_c。当风速减小时，励磁电流将由 I_{e3} 向 I_{e1} 变化，而滑差则由 S_c 向 S_a 变化。

这种系统的优点是：当风力机随风速的变化而做变速运行时，可以使风力机的 C_p 值得到优化，同时可以在较宽的滑差变化范围内，在发电机端获得恒频恒压的交流电，而且发电机输出的电压波形为正弦波。这种系统的缺点是：当滑差较大时，有相当大的一部分风能将被消耗在电磁滑差连接装置的发热损耗上，使整个系统的效率降低，这种系统由于是变速恒频的发电系统，故也可作为独立运行的电源运转使用。

实施建议

1. 建议整个任务按照资讯、决策、计划、实施、检查、评估六步法开展教学。
2. 建议在教学过程中突出以学生为主体,通过提问、演示、讨论的形式组织教学。
3. 建议到模型实训室和仿真实训室完成教学。

任务三 风力—柴油、风力—太阳光联合运行风力发电

任务要求

1. 掌握各种风力—柴油联合发电系统的结构组成及工作原理;
2. 掌握风力—太阳光发电系统的结构组成及工作原理。

知识学习

一、风力—柴油发电联合运行

(一) 风力—柴油发电联合运行应实现的目标

采用风力—柴油联合发电系统的目的是向电网覆盖不到的地区(如海岛、牧区等)提供稳定的、不间断的电能,减少柴油的消耗,改善环境污染状况。由于各地区的风能资源及负荷情况不同,故有多种不同结构形式的风力—柴油联合发电系统,不论哪种结构形式的发电系统皆应实现如下目标:

(1) 能提供符合电能质量标准的电能;
(2) 有较好的柴油节油效果;
(3) 具有合理的运行控制策略,使系统的运行工况得到优化,尽可能多地利用风能,避免柴油机低负荷运行,减少柴油机启停次数;
(4) 具有良好的设备管理维护,减少故障停机,降低发电成本及电价。

(二) 风力—柴油联合发电系统的结构组成

风力—柴油联合发电系统的基本结构组成如图 1-13 所示。由于不同地区风力资源状况不尽相同,而系统所带负荷又差别较大,有的是一般家庭正常生活用电,有的是生产动力用电,有的是短时用电,有的是需要连续供电,因此风力—柴油联合发电系统的结构组成形式有多种,但不论哪种结构形式,

其皆是由图 1-13 所示的基本结构框架演化而来的。

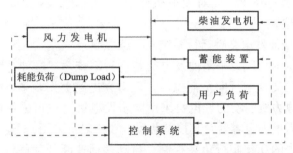

图 1-13 风力—柴油联合发电系统基本结构框架

1. 风力—柴油发电并联运行系统

如图 1-14 所示，由风力机驱动异步发电机，柴油机驱动同步发电机，两者同时运转，并联后向负荷供电，这种系统是风力—柴油联合发电系统的基本形式。在这种系统中柴油发电机一直不停地运转，即使在风力较强、负荷较小的情况下也必须运转，以供给异步发电机所需要的无功功率。这种系统的优点是结构简单，可实现连续供电；缺点是柴油机始终不停地运转，柴油节省效果低。

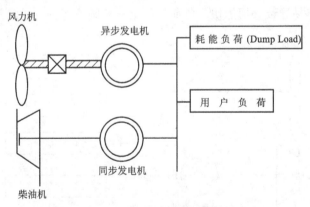

图 1-14 风力—柴油发电并联运行系统

这种系统是风力发电机与柴油发电机并联运行向负荷供电，因此必须慎重考虑异步发电机（由风力机驱动）向由柴油机驱动的同步发电机电网并网瞬间的电流冲击问题。为了保证系统的稳定与安全，一般对小容量电网（由小容量柴油机驱动的同步发电机组成）要求柴油发电机的容量与异步风力发电机的容量之比大于或等于 2:1。此比值越大，则并网瞬间电网电压的下降幅度越小，系统越安全稳定。这种由单台异步风力发电机及单台同步柴油发电机组成的并联运行系统容量都较小，在运行中风力机因风速变化使输出的机械功率变化或系统负载突然发生较大变化时,皆能引起系统电压及频率的变化,而对发电机产生不利影响,因此应对系统的电压及频率进行监控。

2. 风力—柴油发电交替运行系统及负载控制

图 1-15 所示为风力—柴油发电交替运行系统,在这种系统中风力发电机与柴油发电机交替运行向负荷供电,两者在电路上无联系,因此不存在并网问题,但由风力机驱动的发电机采用同步发电机(也可采用电容自励式异步发电机,但需增加电容器及其控制装置,故一般不采用)。这种系统的运行方式是根据风力的变化实行负载控制,自动接通或断开某些负荷,以维持系统的平衡,通常是按照用户负荷的重要程度将用户负荷分为优先负荷、一般负荷及次要负荷三类。优先负荷所需电能应保证总是被供给,其他两类负荷只是在风力较强时才通过频率传感元件给出信号依次接通。当风力较弱且对第一类负荷也不能保证供给时,则风力发电机退出运行,柴油发电机自动启动并投入运行;当风力增大并足以供给第一类(优先)负荷的电能时,则柴油机退出运行,自动停机,风力机自动启动,投入运行。这种系统的优点是可以充分地利用风能,柴油机运转的时间被大大减少,因此能达到尽可能多地节约柴油的目的;缺点是交替运行会造成短时间内用户供电中断,而柴油机的频繁启停易导致磨损加快,负荷的频繁通断则可能造成对电器的危害。

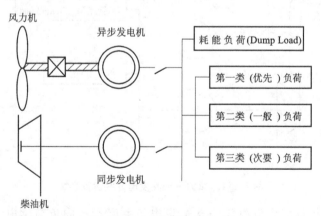

图 1-15 风力—柴油发电交替运行系统

3. 集成的风力—柴油发电并联运行系统

所谓集成的风力发电即将同步风力发电机发出的变频交流电向静止的交流—直流—交流(AC—DC—AC)变换,获得恒频恒压交流电,然后再与同步柴油发电机并联,向用户负荷供电,这种系统的结构如图 1-16 所示(也可采用静止整流,旋转逆变的 AC—DC—AC 变换方式)。

这种系统的优点是风力机可以在变速下运行，因而可以优化风力机运行的 C_p 值，更有效地利用风能，系统中的 AC—DC—AC 装置可以实现恒频恒压输出及平抑功率起伏的作用。缺点是 AC—DC—AC 装置中电力电子器件的费用较高，特别当风力发电机的容量增大时，AC—DC—AC 及蓄电池的容量也将随之增大，使造价增高。这种系统可以对用户负荷实现连续供电，在用户负荷不变的情况下，若风速降低，则柴油机自动启动投入运行，在无风时，则由柴油发电机向负荷供电。

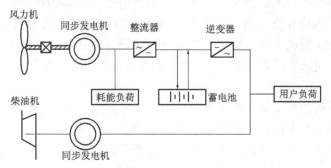

图1-16 集成型的风力—柴油发电并联运行系统

4. 具有蓄电池的风力—柴油发电联合运行系统

图1-17所示为这种系统的结构组成，其与基本型的风力—柴油发电并联系统（见图1-14）比较有两点不同：一是在系统组成中增加了蓄电池及与之串接的双向逆变器；二是在柴油机与同步发电机之间装有一个电磁离合器。与集成的风力—柴油发电并联系统中的蓄电池（见图1-16）比较，这种系统中蓄电池的容量小，通常可根据风力发电机在额定功率下 1~2 h 输出的电能来考虑并确定其容量。

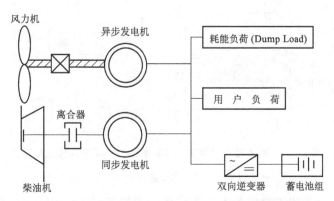

图1-17 具有蓄电池及离合器的风力—柴油联合发电系统

这种系统当风力变化时能自动转换，实现不同的运行模式，例如当风力较强时，来自风力及柴油发电机的电能除了向用户负荷供电外，多余的电能经双向逆变器可向蓄电池充电；反之，当短时内负荷所需电能超过了风力及柴油发电机所能提供的电能时，则可由蓄电池经双向逆变器向负荷提供所缺欠的电能；当风力很强时，通过电磁离合器的作用使柴油机与同步发电机断开，并停止运转，同步发电机则由蓄电池经双向逆变器供电，变为同步补偿机运行，向网络内的异步风力发电机提供所需的无功功率，此时已是风力发电机单独向负荷供电；当风力减弱时，通过电磁离合器的作用，使柴油机与同步发电机连接并投入运行，由柴油发电机与风力发电机共同向负荷供电，为防止柴油机轻载运行，柴油机应运行于所限定的最低运行功率以上（一般为柴油机额定功率的25%以上），多余的电能则可向蓄电池充电或由耗能负荷吸收。

这种系统的优点是：由于蓄电池短时投入运行，可弥补风电的不足，而不需启动柴油发电机发电来满足负荷所需电能，因此节油效果较好，柴油机启停次数也可减少。这种系统的缺点是投资高，发电成本及电价皆比常规柴油发电要高。

5. 具有蓄电池及蓄能飞轮的风力—柴油联合发电运行系统

这种系统又称为混合的（Hybrid）风力—柴油发电系统，它将蓄电池及蓄能飞轮与风力及柴油发电机综合在一个系统内，如图1-18所示。在这种系统内，由于加装了蓄能飞轮，蓄电池的容量可以相应减小，飞轮对减小系统的频率波动及提高供电质量是有帮助的。

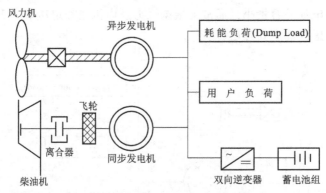

图1-18 具有蓄电池及蓄能飞轮的风力—柴油联合发电系统

6. 多台风力发电机—柴油发电机—蓄电池联合发电系统

由于高频率的风紊流是不相关联的，因此采用多台风力发电机组，则功率起伏的影响能够被减小，同时系统内蓄电池的容量也可相应减小，这种系统结构如图 1-19 所示。

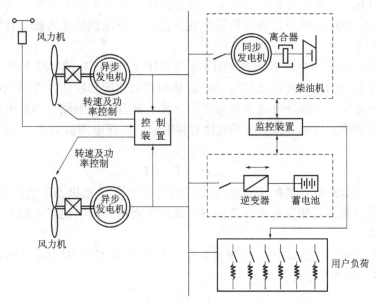

图 1-19　多台风力—柴油—蓄电池联合发电系统

二、风力—太阳光发电联合运行

（一）风力—太阳光发电联合运行系统设计

采用风力—太阳光联合发电系统的目的是更高效地利用可再生能源，实现风力发电与太阳光发电的互补。中国西北、华北、东北地区冬、春季风力强，夏、秋季风力弱，但太阳辐射强，从资源的利用上恰好可以互补。因此在电网覆盖不到的偏远地区或海岛上利用风力—太阳光发电系统是一种合理的、可靠的获得电力供应的方法。

设计风力—太阳光发电系统的步骤如下：

(1) 汇集及测量当地风能资源、太阳能资源、其他天气及地理环境数据。

(2) 当地负荷状况。包括负荷性质、负荷的工作电压、负荷的额定功率及全天耗电量等。

(3) 确定风力发电及太阳光发电分担的向负荷供电的份额。

(4) 根据确定的负荷份额计算风力发电及太阳光发电装置的容量。

(5) 选择风力发电机及太阳光电池阵列的型号，确定及优化系统的结构。

(6) 确定系统内其他部件（蓄电池、整流器、逆变器、控制器和辅助后备电源等）。

(7) 编制整个系统的投资预算及计算发电成本。

(二) 太阳光电池方阵容量的确定

设计风力—太阳光发电系统时,应根据用户负荷来确定太阳光电池方阵的容量,一般应按照用户负荷所需电能全部由光电池供给来考虑,计算方法及步骤如下:

1. 确定太阳光电池方阵内太阳光电池单体(或组件)的串联个数

独立运行的太阳光电池供电系统总是和蓄电池配套使用,即同用电系统组成浮充电路,一部分电能供负载使用,另一部分电能则储存到蓄电池内以备夜晚或阴雨天使用。设太阳光电池对蓄电池的浮充电压值为 U_F,则计算公式如下:

$$U_F = U_f + U_d + U_t \tag{1-5}$$

式中:U_f 表示根据负载的工作电压确定的蓄电池在浮充状态下所需的电压;U_d 表示线路损耗及防反充二极管的电压降;U_t 表示太阳电池工作时温升导致的电压降。

假设太阳光电池单体(或组件)的工作电压为 U_m,则太阳光电池单体(或组件)的串联数计算如式(1-6):

$$N_s = \frac{U_f + U_d + U_t}{U_m} \tag{1-6}$$

2. 确定太阳光电池方阵内太阳光电池单体(或组件)的并联个数

太阳光电池单体(或组件)的并联个数 N_p 可按式(1-7)计算,即:

$$N_p = \frac{Q_L}{I_m H} \eta_c F_c \tag{1-7}$$

式中:Q_L 表示负载每天耗电量;H 表示平均日照小时数;I_m 表示太阳光电池单体(或组件)平均工作电流;η_c 表示蓄电池的充、放电效率修正系数;F_c 表示其他因素修正系数。

3. 确定太阳光电池方阵的容量

太阳光电池方阵的容量 P_m 可按式(1-8)确定,即:

$$P_m = (N_s U_m) \cdot (N_p I_m) = N_s U_m N_p I_m \tag{1-8}$$

(三) 风力—太阳光发电系统的结构

风力—太阳光发电联合发电系统的结构组成形式如图 1-20 所示,该系统根据风力及太阳辐射的变化情况可以在三种模式下运行:

(1) 风力发电机独自向负荷供电。

(2) 风力发电机及太阳光电池方阵联合向负荷供电。

(3) 太阳光电池方阵独立向负荷供电。

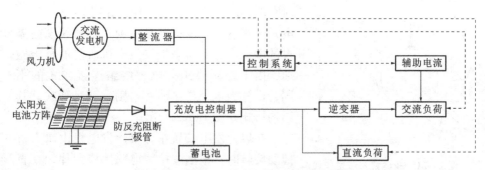

图1-20 风力—太阳光发电联合发电系统

实施建议

1. 建议整个任务按照资讯、决策、计划、实施、检查、评估六步法开展教学。

2. 建议在教学过程中突出以学生为主体，通过提问、演示、讨论的形式组织教学。

任务四　独立和并网运行的风力发电系统中发电机的认知

任务要求

1. 掌握直流发电机的结构及工作原理；
2. 掌握各种交流发电机的结构及工作原理；
3. 能够学会操控各种独立运行风力发电系统中的发电机；
4. 掌握各种并网运行风力发电系统中发电机的特点及工作原理；
5. 能够学会在并网运行风力发电系统中选择合适的发电机。

知识学习

一、独立运行风力发电系统中的发电机

（一）直流发电机

1. 基本结构及原理

较早时期的小容量风力发电装置一般采用小型直流发电机。在结构上有永磁式和电励磁式两种类型。永磁式直流发电机利用永久磁铁来提供发电

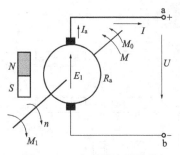

图 1-21 永磁式直流发电机

所需的励磁磁通，其结构形式如图 1-21 所示；电励磁式直流发电机则是借助在励磁线圈内流过的电流产生磁通来提供发电机所需的励磁磁通，由于励磁绕组与电枢绕组连接方式的不同，可分为他励与并励（自励）两种形式，其结构形式如图 1-22 所示。

在风力发电装置中，直流发电机由风力机拖动旋转时，根据法拉第电磁感应定律，在直流发电机的电枢绕组中产生感应电势，在电枢的出线端（a、b 两端）若接上负载，就会有电流流向负载，即在 a、b 端有电能输出，即风能转换成了电能。

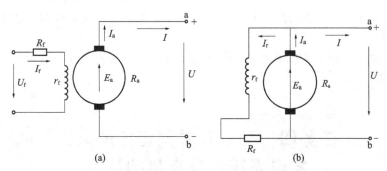

图 1-22 电励磁式直流发电机
(a) 他励式直流发电机；(b) 并励式（自励）直流发电机

直流发电机电枢回路中各电磁物理量的关系如式（1-9）和式（1-10）所示：

$$E_a = C_e \Phi n \tag{1-9}$$

$$U = E_a - I_a R_a \tag{1-10}$$

励磁回路中各电磁物理量的关系如式（1-11）、式（1-12）所示：

他励发电机：
$$I = \frac{U_f}{R_f + r_f} \tag{1-11}$$

并励发电机：
$$I = \frac{U}{R_f + r_f} \tag{1-12}$$

$$\Phi = f(I_f)$$

式中：C_e 表示发电机的电势系数；Φ 表示发电机每极下的磁通量；R_a 表示电枢绕组电阻；R_f 表示励磁绕组的外接电阻；E_a 表示绕组感应电势；U 表示电枢端电压；n 表示发电机转速；I_f 表示励磁电流。

2. 发电机电磁转矩与风力机驱动转矩之间的关系

根据比奥—萨伐尔定律，直流发电机的电枢电流与发电机的磁通作用会产生电磁力，并由此而产生电磁转矩，其可由式（1-13）表示：

$$M = C_M \Phi I_a \qquad (1-13)$$

式中：C_M 表示发电机的转矩系数；M 表示电磁转矩；I_a 表示电枢电流。

电磁转矩对风力机的拖动转矩为制动性质的，在转速恒定时，风力机的拖动转矩与发电机的电磁转矩平衡，如式（1-14）所示：

$$M_1 = M + M_0 \qquad (1-14)$$

式中：M_1 表示风力机的拖动转矩；M_0 表示机械摩擦阻转矩。

当风速变化，风力机的驱动转矩变化或者发电机的负载变化时，则转矩的平衡关系如式（1-15）所示：

$$M_1 = M + M_0 + J\frac{d\Omega}{dt} \qquad (1-15)$$

式中：J 表示风力机、发电机及传动系统的总转动惯量；Ω 表示发电机转轴的旋转角速率；$J\dfrac{d\Omega}{dt}$ 为动态转矩。

由式（1-15）可知，当负载不变时，即 M 为常数时，若风速增大，则发电机转速将增加；反之，转速将下将。由式（1-9）和式（1-10）知，转速的变化将导致感应电势及电枢端电压变化，此时风力机的调速装置应动作，以调整转速。

3. 发电机与变化的负载连接时，电磁转矩与转速的关系

他励直流发电机与变化的负载电阻连接时的线路如图 1-23 所示。

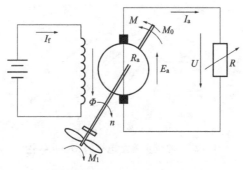

图 1-23　他励直流发电机与变化的负载电阻 R 的连接

根据式（1-9）、式（1-10）、式（1-13）及 $U = I_a R$ 可得式（1-16）、式（1-17）：

$$M = C_M \Phi I_a = C_M \Phi \frac{E_a}{R_a + R} = C_M \Phi \frac{C_e \Phi n}{R_a + R} = \frac{C_e C_M \Phi^2 n}{R_a + R} = Kn \quad (1-16)$$

$$K = \frac{C_e C_M \Phi^2}{R_a + R} \quad (1-17)$$

当励磁磁通 Φ 及负载电阻 R 不变化时，K 为常数。

故 M 与 n 的关系为直线关系，对应于不同的负载电阻，M 与 n 有不同的线性关系，如图 1-24 所示中的 A、B、C 三条直线，分别对应负载电阻为 R_1、R_2 及 R_3（$R_3 > R_2 > R_1$）的 M—n 特性。并励直流发电机的 M—n 特性与他励的相似，只是在并励时励磁磁通将随电枢端电压的变化而改变，因此 M—n 的关系不再是直流关系，其 M—n 特性为曲线形状，如图 1-25 所示。

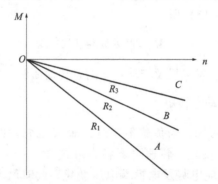

图 1-24 他励直流发电机的 M—n 特性

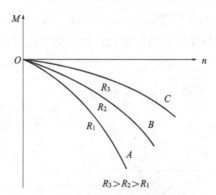

图 1-25 并励直流发电机的 M—n 特性

4. 并励直流发电机的自励

采用并励直流发电机时，为了建立电压，在发电机具有剩磁的情况下，必须保证励磁绕组并联到电枢两端的极性正确，同时励磁回路的总电阻（$R_f + r_f$）[见图 1-22（b）] 必须小于某一定转速下的临界值，如果并联到电枢两端的极性不正确（即励磁绕组接反了），则励磁回路中的电流所产生的磁势将削减发电机中的剩余磁通,发电机的端电压就不能建立,即发电机不能自励。当励磁绕组接法正确,励磁回路中的电阻为 (R_f+r_f) 时,则从图 1-26 可得式(1-18):

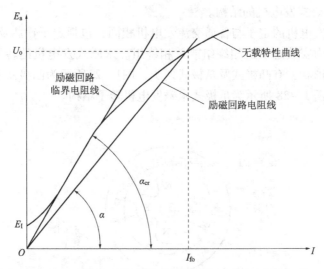

图 1-26 并励发电机的无载特性曲线及励磁回路电阻线

$$\tan \alpha = \frac{U_o}{I_{fo}} = \frac{I_{fo}(R_f+r_f)}{I_{fo}} = R_f + r_f \qquad (1-18)$$

励磁回路电阻线与无载特性曲线的交点即发电机自励后建立起来的电枢端电压 U_o。若励磁回路中串入的电阻值 R_f 增大,则励磁回路的电阻线与无载特性曲线相切,无稳定交点,则不能建立稳定的电压。从图 1-26 可见,此时的 $\alpha_{cr} > \alpha$,对应于此 α_{cr} 的电阻值 $R_{cr} = \tan \alpha_{cr}$,此 R_{cr} 即临界电阻值,所以为了建立电压,励磁回路的总电阻 (R_f+r_f) 必须小于临界电阻值。

注意:若发电机励磁回路的总电阻在某一转速下能够自励,但当转速降低到某一转速数值时,可能不能自励,这是因为无载特性曲线与发电机的转速成正比。当转速降低时,无载特性曲线也改变了形状,因此对于某一励磁回路的电阻值,就对应地有一个最小的临界转速值 n_{cr},若发电机转速小于 n_{cr},就不能自励。在小型风力发电装置中,为了使发电机建立稳定的电压,在设计风电装置时,应考虑使风力机调速机构确定的转速值大于发电机最小的临界转速值。

(二)交流发电机

1. 永磁式发电机

(1) 永磁式发电机的特点。

永磁式发电机转子上无励磁绕组,因此不存在励磁绕组铜损耗,比同容量的电励磁发电机效率高；转子上没有滑环，运转时更安全可靠；发电机重量轻，体积小，制造工艺简便，因此在小型及微型风力发电机中被广泛采用。永磁式发电机的缺点是电压调节性能差。

（2）永磁式发电机的结构。

永磁式发电机的定子与普通交流发电机相同，包括定子铁芯及定子绕组。定子铁芯槽内安放定子三相绕组或单相绕组。永磁式发电机的转子按照永磁体的布置及形状，有凸极式及爪极式两类，图1-27所示为凸极式永磁发电机转子结构，图1-28所示为爪极式永磁发电机转子结构。

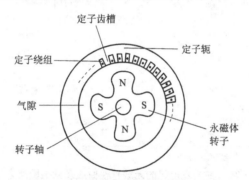

图1-27　凸极式永磁发电机转子结构

凸极式永磁发电机磁通走向：N极→气隙→定子齿槽→定子轭→定子齿槽→气隙→S极，如图1-27所示形成闭合磁通回路。

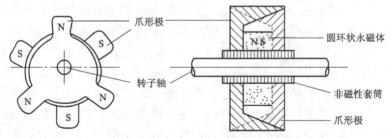

图1-28　爪极式永磁发电机转子结构

爪极式永磁发电机磁通走向：N极→左端爪极→气隙→定子→气隙→右端爪极→S极。

所有左端爪极皆为N极，所有右端爪极皆为S极，爪极与定子铁芯间的气隙距离远小于左右两端爪极之间的间隙，因此磁通不会直接由N极爪进入S极爪而形成短路。左端爪极与右端爪极皆做成相同的形状。

为了使永磁式发电机能获得高效率及节约永磁材料的效果，设计时应使永磁式发电机运行在永磁材料接近最大磁能积的工作点处，此时永磁材料最节省。图1-29所示表明了永磁材料的磁通密度（B）、磁场强度（H）及磁能积（BH）的关系曲线，图中第Ⅱ象限的曲线为永磁材料的退磁曲线，第Ⅰ象限的曲线为磁能积曲线，若永磁材料工作于 a 点，则其磁能积（BH）接近于最大磁能积 $(BH)_{max}$。

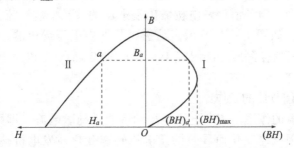

图1-29 B、H 及 (BH) 的函数关系曲线

2. 硅整流自励交流发电机

(1) 结构、工作原理及电路图。

硅整流自励交流发电机及励磁调节器的电路如图1-30所示。发电机的定子由定子铁芯和定子绕组组成，定子绕组为三相，Y形连接，放在定子铁芯圆槽内。转子由转子铁芯、转子绕组（即励磁绕组）、滑环和转子轴组成，转子铁芯可做成凸极式或爪形，一般多用爪形磁极，转子励磁绕组的两端接到滑环上，通过与滑环接触的电刷与硅整流器的直流输出端相连，从而获得直流励磁电流。

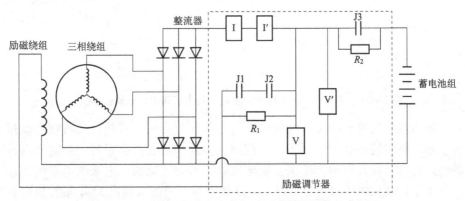

图1-30 硅整流自励交流发电机及励磁调节器电路原理

独立运行的小型风力发电机组的风力机叶片多数是用来固定桨距的，当风力变化时，风力机转速随之发生变化，与风力机相连接的发电机的转速也将发生变化，因而发电机的输出电压会产生波动，这将导致硅整流器输出的直流电压及发电机励磁电流变化，并造成励磁磁场变化，进而造成发电机输

出电压产生波动。这种连锁反应使得发电机输出电压的波动范围不断增加,显而易见,如果电压的波动得不到控制,在向负载独立供电的情况下,这种情况将会影响供电的质量,甚至会造成用电设备损坏。此外独立运行的风力发电机都带有蓄电池组,电压的波动会导致蓄电池组过充电,从而降低蓄电池组的使用寿命。为了消除发电机输出端电压的波动,硅整流交流发电机配有励磁调节器,如图 1-30 所示,励磁调节器由电压继电器、电流继电器、逆流继电器及其所控制的动断触点 J1、J2 和动合触点 J3 以及电阻 R_1、R_2 等组成。

(2) 励磁调节器的工作原理。

励磁调节器的作用是使发电机能自动调节其励磁电流(即励磁磁通)的大小,来抵消因风速变化而导致的发电机转速变化对发电机端电压的影响。当发电机转速降低、发电机端电压低于额定值时,电压继电器 V 不动作,其动断触点 J1 闭合,硅整流器输出端电压直接施加在励磁绕组上,发电机属于正常励磁状况;当风速加大、发电机转速增高、发电机端电压高于额定值时,动断触点 J1 断开,励磁回路中被串入了电阻 R_1,励磁电流及磁通随之减小,发电机输出端电压也随之下降;当发电机电压降至额定值时,触点 J1 重新闭合,发电机恢复到正常励磁状况。电压继电器工作时发电机端电压与发电机转速的关系如图 1-31 所示。

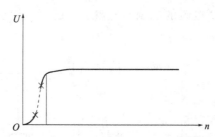

图 1-31 电压继电器工作时,发电机端电压与发电机转速的关系

风力发电机组运行时,当用户投入的负载过多时,可能出现负载电流过大,超过额定值的状况,如不加以控制,使发电机过负荷运行,会对发电机的使用寿命有较大影响,甚至会损坏发电机的定子绕组。电流继电器的作用就是为了抑制发电机过负荷运行。电流继电器 I 的动断触点 J2 串接在发电机的励磁回路中,发电机输出的负荷电流则通过电流继电器的绕组。当发电机的输出电流低于额定值时,继电器不工作,动断触点闭合,发电机属于正常励磁状况;当发电机输出电流高于额定值时,动断触点 J2 断开,电阻 R_1 被串入励磁回路,励磁电流减小从而降低了发电机输出端电压,并减小了负载电流。电流继电器工作时,发电机负载电流与发电机转速的关系如图 1-32 所示。

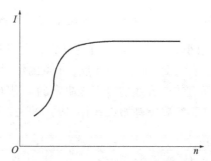

图1-32 电流继电器工作时，发电机负载电流与发电机转速的关系

为了防止无风或风速太低时蓄电池组向发电机励磁绕组送电，即蓄电池组由充电运行变为反方向放电状况，这不仅会消耗蓄电池所储电能，还可能烧毁励磁绕组，因此在励磁调节器装置内还装有逆流继电器。逆电流继电器由电压线圈V'、电流线圈I'、动合触点J3及电阻R_2组成。发电机正常工作时，逆电流继电器电压线圈及电流线圈内流过的电流产生的吸力使动合触点J3闭合；当风速太低，发电机端电压低于蓄电池组电压时，继电器电流线圈瞬间流过反向电流，此电流产生的磁场与电压线圈内流过的电流产生的磁场作用相反，而电压线圈内流过的电流由于发电机电压下降减小，由其产生的磁场也减弱，故由电压线圈及电流线圈内电流所产生的总磁场的吸力减弱，使得动合触点J3断开，从而断开了蓄电池向发电机励磁绕组送电的回路。

采用励磁调节器的硅整流交流发电机与永磁式发电机比较，其特点是：其能随风速变化自动调节发电机的输出端电压，防止产生对蓄电池过充电的现象，延长蓄电池的使用寿命；同时还实现对发电机的过负荷保护，但励磁调节器的动断触点，由于其断开和闭合的动作较频繁，故需对触头材质及断弧性能做适当的处理。

用交流发电机进行风力发电时，要达到能给蓄电池充电的目的，风力发电机的发电电压必须高于蓄电池的额定电压，因此发电机的转速要达到该额定电压下的转速才能够对蓄电池充电。

3. 电容自励异步发电机

从异步发电机的理论可知，异步发电机在并网运行时，其励磁电流是由电网供给的，此励磁电流对异步发电机的感应电势而言是容性电流，在风力驱动的异步发电机独立运行时，为得到此容性电流，必须在发电机输出端上接上电容，从而产生磁场并建立电压。自励异步发电机建立电压的条件是：

(1) 发电机必须有剩磁。一般情况下，发电机都会有剩磁存在，万一失磁，可用蓄电池充磁的方法重新获得剩磁。

(2) 在异步发电机的输出端并上足够数量的电容，如图1-33所示。

从图1-33所示可知，在异步发电机输出端所并电容的容抗 $X_C = \dfrac{1}{\omega C}$，只有电容 C 增大，使 X_C 减小，励磁电流 I_0 才能增大，而只有 I_0 增大到足够大时，才能建立稳定的电压。如图1-34中的 a 点，a 点的位置是由发电机的无载特性曲线与由电容 C 所确定的电容线的交点来决定的。对于建立了稳定电压的 a 点，电压、电流、容抗等参数应有如式（1-19）的关系：

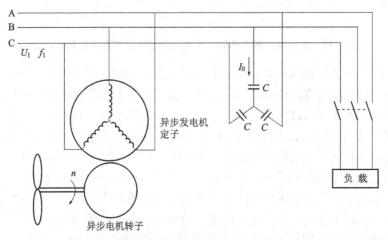

图1-33 自励异步风力发电机

$$\frac{U_1}{I_0} = X_C = \frac{1}{\omega C} = \tan^{-1}\alpha \tag{1-19}$$

故 X_C 的大小，即电容 C 的大小决定了电容线的斜率。若电容 C 减小，则容抗 X_C 增加，励磁电流 I_0 减小，从图1-34中可以看出电容线将变陡，即角度增

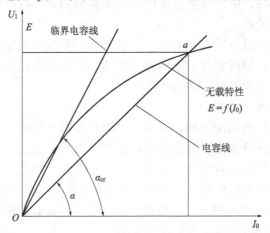

图1-34 独立运行的自励异步发电机电压的建立

大。当电容线与无载特性不相交时就不能建立稳定电压。其对应于最小的电容值为临界电容值 C_{cr}，此时的电容线称为临界电容线，而临界电容线与横坐标轴之间的夹角为临界角度 α_{cr}，由此可知，在独立运行的自励异步发电机中，发电机输出端并联的电容值应大于临界电容值 C_{cr}，即角度小于临界角度 α_{cr}。

注意：发电机的无载特性曲线与发电机的转速有关，若发电机的转速降低，无载特性曲线也会随之下降，则可能导致自励失败而不能建立电压。

独立运行的异步发电机在带负载运行时，发电机的电压及频率都将随负载的变化及负载的性质有较大的变化，要想维持异步发电机的电压及频率不变，应采取调节措施。

为了维持发电机的频率不变，当发电机负载增加时，必须相应地提高发电机转子的转速。因为当负载增加时，异步发电机的滑差绝对值 $|S|$ 增大（异步发电机的滑差 $S = \dfrac{n_s - n}{n_s}$，在异步发电机作为发电机运行时，发电机的转速大于发电机旋转磁场的转速 n_s，故滑差 S 为负值），而发电机的频率 $f_1 = \dfrac{pn_s}{60}$（p 为发电机的极对数），故欲维持频率 f_1 不变，则 n_s 应维持不变，因此当发电机负载增加时，必须增大发电机转子的转速。

为了维持发电机的电压不变，当发电机负载增加时，必须相应地增加发电机端并接电容的数值。因为多数情况下，负载为电感性，感性电流将抵消一部分容性电流，这样将导致励磁电流减小，相当于增加了电容线的夹角 α，使发电机的端电压下降（严重时可以使端电压消失），所以必须增加并接电容的数值以补偿负载增加时感性电流增加而导致的容性励磁电流的减少。

二、并网运行风力发电系统中的发电机

（一）同步发电机

1. 同步发电机并网方法

（1）自动准同步并网。

在常规并网发电系统中，利用三相绕组的同步发电机是最普遍的，同步发电机在运行时既能输出有功功率，又能提供无功功率，且频率稳定，电能质量高，因此被电力系统广泛接受。在同步发电机中发电机的极对数、转速及频率之间有着严格不变的固定关系，如式（1-20）所示：

$$f_1 = \frac{pn_s}{60} \qquad (1-20)$$

式中：p 表示发电机的极对数；n_s 表示发电机转速（r/min）；f_1 表示发电机的频率。

要把同步发电机通过准同步并网方式连接到电网上必须满足以下四个条件：

1) 发电机的电压等于电网的电压，并且电压波形相同。
2) 发电机的电压相序与电网的电压相序相同。
3) 发电机频率与电网的频率相同。
4) 并联合闸瞬间，发电机的电压相角与电网电压的相角一致。

图 1-35 所示为风力机驱动的同步发电机与电网并联的情况，图中 U_{AB}、U_{BC}、U_{CA} 为电网电压；U_{ABS}、U_{BCS}、U_{CAS} 为发电机电压；n_T 为风力机转速；n_s 为发电机转速。风力机转轴与发电机转轴间经升速齿轮箱及联轴器来连接。

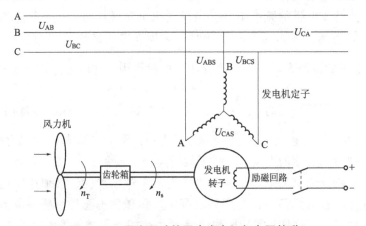

图 1-35　风力驱动的同步发电机与电网并联

满足上述理想并网条件的并网方式即准同步并网方式，在这种并网方式下，并网瞬间不会产生冲击电流，不会引起电网电压的下降，也不会对发电机定子绕组及其他机械部件造成损坏，这是这种并网方式的最大优点，但对风力驱动的同步发电机而言，要准确达到这种理想并网条件实际上是不容易的。在实际并网操作时，电压、频率及相位都往往会有一些偏差，因此并网时仍会产生一些冲击电流。一般规定发电机与电网系统的电压差不超过 5%~10%，频率差不超过 0.1%~0.5%，以保证冲击电流不超出其允许范围。但如果电网本身的电压及频率也经常存在较大的波动，则这种通过同步发电机整步实现准同步并网就更加困难。

(2) 自同步并网。

自同步并网就是同步发电机在转子未加励磁，励磁绕组经限流电阻短路的情况下，由原动机拖动，待同步发电机转子转速升高到接近同步转速（约为同步转速的 80%~90%）时，将发电机投入电网，再立即投入励磁，靠定子与转子之间电磁力的作用，发电机自动被牵入同步运行。由于同步发电机在投入电网时未加励磁,因此不存在准同步并网时对发电机电压和相角进行调节和校准的整步过程,并且从根本上排除了发生非同步合闸的可能性。当电网出现故障并恢复正常后,需要把发电机迅速投入并联运行时,经常采用这种并网方法。这种并网方法的优点是不需要复杂的并网装置,并网操作简单,并网过程迅速。这种并网方法的缺点是合闸后有电流冲击(一般情况下冲击电流不会超过同步发电机输出端三相突然短路时的电流),电网电压会出现短时间的下降,电网电压降低的程度和电压恢复时间的长短同并入的发电机容量与电网容量的比例有关,在风力发电情况下还与风电场的风资源特性有关。必须指出,发电机自同步过程与投入励磁的时间及投入励磁后励磁增长的速率密切相关。如果发电机是在非常接近同步转速时投入电网,则应迅速加上励磁以保证发电机能迅速被拉入同步,而且励磁增长的速率越大,自同步过程也就结束的越快。但是在同步发电机转速距同步转速较大的情况下应避免立即投入励磁,否则会产生较大的同步力矩,并导致自同步过程中出现较大的振荡电流及力矩。

2. 同步发电机的转矩—转速特性

当同步发电机并网后正常运行时,其转矩—转速特性曲线如图 1-36 所示。如图 1-36 所示中 n_s 为同步转速,从图中可以看出,发电机的电磁转矩对风力机来讲是制动转矩性质,因此不论电磁转矩如何变化,发电机的转速应维持不变(即维持为同步转速 n_s),以便维持发电机的频率与电网频率相同,否则发电机将与电网解裂。这种情况就要求风力机有精确的调速机构,当风速变化时,能维持发电机的转速不变,并使其等于同步转速,这种风力发电系统的运行方式被称为恒速恒频方式。与此对应,在变速恒频系统运行方式下(即风力机及发电机的转速随风速变化做变速运行,而在发电机输出端则仍能得到等于电网频率的电能输出),风力机不需要调速机构。

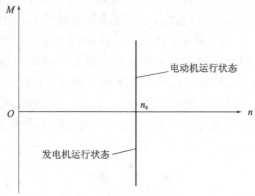

图 1-36 并网运行的同步发电机的转矩—转速特性

带有调速机构的同步风力发电系统的原理框图如图1-37所示。调速系统是用来控制风力机转速（即同步发电机转速）及有功功率的，励磁系统是调控同步发电机的电压及无功功率的，图1-37所示中n、U、P分别表示风力机的转速及发电机的电压和输出功率。总之，同步发电机并网后，对发电机的电压、频率及输出功率必须进行有效的控制，否则会发生失步现象。

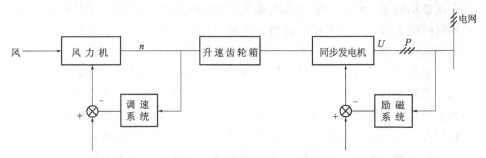

图1-37 带有调速机构的同步风力发电系统原理框图

（二）异步发电机

1. 异步发电机的基本原理及其转矩—转速特性

在风力发电系统中并网运行的异步发电机，其定子与同步发电机的定子基本相同，定子绕组是三相的，可有三角形或星形接法，转子有鼠笼型和绕线型两种。根据异步发电机理论，异步发电机在并网运行时，由定子三相绕组电流产生的旋转磁场的同步转速决定电网的频率及发电机绕组的极对数。

具体关系如式（1-21）所示：

$$n_s = \frac{60f}{p} \tag{1-21}$$

式中：n_s 表示同步转速；f 表示电网频率；p 表示绕组极对数。

按照异步发电机理论又知：当异步发电机连接到频率恒定的电网上时，异步发电机可以有不同的运行状态。当异步发电机的转速小于异步发电机的同步转速时（即 $n < n_s$），异步发电机以电动机的方式运行，处于电动运行状态，此时异步发电机自电网吸取电能，而由其转轴输出机械功率；当异步发电机由原动机驱动，其转速超过同步转速时（即 $n > n_s$），则异步发电机将处于发电运行状态，此时异步发电机吸收由原动机供给的机械能而向电网输出电能。异步发电机的不同运行状态可用异步发电机的滑差率 S 来区别表示。异步发电机的滑差率定义如式（1-22）所示：

$$S = \frac{n_s - n}{n_s} \times 100\% \tag{1-22}$$

由式（1-22）可知：当异步发电机与电网并联后作为发电机运行时，滑

差率 S 为负值。由异步发电机的理论知：异步发电机的电磁转 M 与滑差率 S 的关系如图 1-38 所示。根据式（1-22）所表明的 S 与 n 的关系，异步发电机的 $M-S$ 特性也是异步发电机的 $M-n$ 特性。改变异步发电机转子绕组回路内电阻的大小可以改变异步发电机的转矩—转速特性曲线，图 1-38 所示中的曲线 2 表示转子绕组电阻较大的转矩—转速特性曲线。在风力机驱动异步发电机与电网并联运行的风力发电系统中，滑差率 S 的绝对值取为 2% ~ 5%。$|S|$ 取值越大，系统平衡阵风扰动的能力越好，一般与电网并联运行的容量较大的异步风力发电机转速的运行范围为 n_s ~ $1.05n_s$。

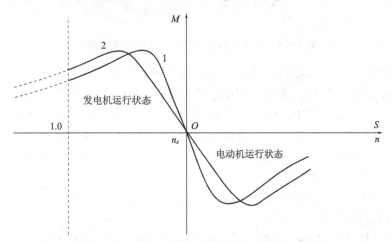

图 1-38　异步发电机的转矩—转速（滑差率）特性曲线

2. 异步发电机的并网方法

由风力机驱动异步发电机与电网并联运行的原理图如图 1-39 所示。因为风力机为低速运转的动力机械装置，在风力机与异步发电机转子之间经增速齿轮箱传动来提高转速以达到适合异步发电机运转的转速，一般与电网并联运行的异步发电机多选用 4 极或 6 极发电机，因此异步发电机转速必须超过 1 500 r/min 或 1 000 r/min，才能运行在发电状态，向电网送电。显而易见，发电机极对数的选择与增速齿轮箱关系密切，若发电机的极对数选得小，则增速齿轮箱传动的速比增大，齿轮箱加大，但发电机的尺寸则小些；反之，若发电机的极对数选大些，则传动速比减小，齿轮箱相对小些，但发电机的尺寸则大些。

根据发电机理论，异步发电机并入电网运行时，是靠滑差率来调整负荷的，其输出的功率与转速近乎成线性关系，因此对机组的调速要求，不像同步发电机那么严格精确，其不需要同步设备和整步操作，只要转速接近同步转速时就可并网。国内及国外与电网并联运行的风力发电机组中，多采用异

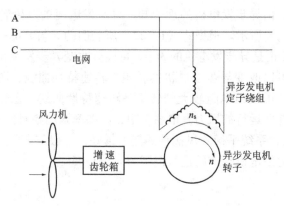

图1-39 风力机驱动的异步发电机与电网并联

步发电机，但异步发电机在并网瞬间会出现较大的冲击电流（为异步发电机额定电流的4~7倍），并使电网电压瞬时下降，随着风力发电机组单机容量的不断增大，这种冲击电流对发电机自身部件的安全及对电网的影响也更加严重。过大的冲击电流，有可能使发电机与电网连接的主回路中的自动开关断开；而电网电压的较大幅度下降则可能会使低压保护动作，从而导致异步发电机根本不能并网。

当前在风力发电系统中采用的异步发电机并网方式有以下几种：

(1) 直接并网。

这种并网方式要求在并网时发电机的相序与电网的相序相同，当风力驱动的异步发电机转速接近同步转速时即可自动并入电网。自动并网的信号由测速装置给出，而后通过自动空气开关合闸完成并网过程。显而易见，这种并网方式比同步发电机的准同步并网简单。但如上所述，直接并网时会出现较大的冲击电流及电网电压下降的情况，因此这种并网方式只适用于异步发电机容量在百千瓦级以下、电网容量较大的情况，中国最早引进的55 kW风力发电机组及自行研制的50 kW风力发电机组都是采用这种并网方式。

(2) 降压并网。

这种并网方式是在异步发电机与电网之间串接电阻、电抗器或者接入自耦变压器，以达到降低并网合闸瞬间冲击电流幅值及电网电压下降幅度的目的。因为电阻、电抗器等元件要消耗功率，在发电机并入电网进入稳定运行状态时，必须将其迅速切除，这种并网方式适用于百千瓦级以上、容量较大的机组，显而易见，这种并网方法的经济性较差，中国引进的200 kW异步风力发电机组就是采用这种并网方式，并网时发电机每相绕组与电网之间皆串接有大功率电阻。

(3) 通过晶闸管软并网。

这种并网方式是在异步发电机定子与电网之间通过每相串入一只双向晶闸管连接起来的，三相均由晶闸管控制，双向晶闸管的两端与并网自动开关 K2 的动合触头并联（见图 1-40）。接入双向晶闸管的目的是将发电机并网瞬间的冲击电流控制在允许的限度内。其并网过程如下：当风力发电机组接收到由控制系统内微处理器发出的启动命令后，先检查发电机的相序与电网的相序是否一致，若相序正确，则发出松闸命令，风力发电机组开始启动。当发电机转速接近同步转速时（为同步转速的 99% ~100%），双向晶闸管的控制角同时由 180°~0°逐渐同步打开；与此同时，双向晶闸管的导通角则同时由 0°~180°逐渐增大，此时并网自动开关 K2 未动作，动合触头未闭合，异步发电机即通过晶闸管平稳地并入电网，随着发电机转速继续升高，发电机的滑差率渐趋于零。当滑差率为零时，并网自动开关动作，动合触头闭合，双向晶闸管被短接，异步发电机的输出电流将不再经双向晶闸管，而是通过已闭合的自动开关触头流入电网，在发电机并网后应立即在发电机端并入补偿电容将发电机的功率因数（$\cos\varphi$）提高到 0.95 以上。

这种软并网方法的特点是：通过控制晶闸管的导通角，将发电机并网瞬间的冲击电流值限制在规定的范围内（一般为 1.5 倍额定电流以下），从而得到一个平滑的并网暂态过程。

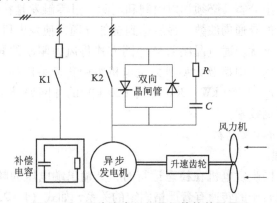

图 1-40 异步发电机经晶闸管软并网原理

图 1-40 所示的软并网线路中，在双向晶闸管两端并接有旁路并网自动开关，并在零滑差率时实现自动切换，在并网暂态过程完毕后，即将双向晶闸管短接。与此种软并网连接方式相对应的另一种软并网连接方式是：在异步发电机与电网之间通过双向晶闸管直接连接，在晶闸管两端设有并接的旁路并网自动开关，双向晶闸管既在并网过程中起到控制冲击电流的作用，同时又作为无触头自动开关，在并网后继续存在于主回路中。这种软并网连接

方式可以省去一个并网自动开关,因而控制回路也较为简单些,并且避免了有触头自动开关触头黏着、弹跳及磨损等现象,可以保证较高的开关频率,这是其优点。但这种连接方式需选用电流允许值大的高反压双向晶闸管,这是因为在这种连接方式下,双向晶闸管中通过的电流需满足能通过异步发电机的额定电流值,而具有旁路并网自动开关的软并网连接方式中的高反压双向晶闸管只要能通过较发电机空载电流略高的电流就可以满足要求,这是这种连接方式的不利之处。这种软并网连接方式的并网过程与上述具有并网自动开关的软并网连接方式的并网过程相同,在双向晶闸管开始导通阶段,异步发电机作为电动机运行,但随着异步发电机转速的升高,滑差率渐渐接近于零时,双向晶闸管已全部导通,并网过程也随即结束。

晶闸管软并网技术虽然是目前一种先进的并网方法,但它也对晶闸管器件及与之相关的晶闸管触发电路提出了严格的要求,即晶闸管器件的特性要一致、稳定以及触发电路可靠,只有发电机主回路中每相上的双向晶闸管特性一致、控制极触发电压、触发电流一致,全开通后压降相同,才能保证可控硅导通角在 0°~180°同步逐渐增大,并保证发电机三相电流平衡,否则会对发电机不利。目前在晶闸管软并网方法中,根据晶闸管的通断状况,触发电路有移相触发及过零触发两种方式。移相触发会造成发电机每相电流为正负半波对称的非正弦波(缺角正弦波),含有较多的奇次谐波分量,这些谐波会对电网造成污染公害,必须加以限制和消除;过零触发是在设定的周期内,逐步改变晶闸管的导通周波数,最后达到全部导通,使发电机平稳并入电网,因而不产生谐波干扰。通过晶闸管软并网方式将风力驱动的异步发电机并入电网是目前国、内外中型及大型风力发电机组中普遍采用的,中国引进和自行开发、研制生产的 250 kW、300 kW、600 kW 的并网型异步风力发电机组都是采用这种并网技术。

(三) 双馈异步发电机

1. 工作原理

众所周知,同步发电机在稳态运行时,其输出端电压的频率与发电机的极对数及发电机转子的转速有着严格固定的关系,如式(1-23)所示:

$$f = \frac{pn}{60} \tag{1-23}$$

式中:f 表示发电机输出电压频率(Hz);p 表示发电机的极对数;n 表示发电机旋转速度(r/min)。

显而易见,在发电机转子变速运行时,同步发电机不可能发出恒频电能,由发电机结构知绕线转子异步发电机的转子上嵌装有三相对称绕组。根据发电机原理可知:在三相对称绕组中通入三相对称交流电,则将在发电机气隙内产生旋转磁场，此旋转磁场的转速与所通入的交流电的频率、发电机的极对数有关，即得式（1-24）：

$$n_2 = \frac{60f_2}{p} \quad (1-24)$$

式中：n_2表示绕线式转子异步发电机转子的三相对称绕组通入频率为f_2的三相对称电流后所产生的旋转磁场相对于转子本身的旋转速度（r/min）；p表示绕线转子异步发电机的极对数；f_2表示绕线式转子异步发电机转子三相绕组通入的三相对称交流电频率（Hz）。

由式（1-24）可知：改变频率f_2即可改变n_2，而且若改变通入转子三相电流的相序还可以改变此转子旋转磁场的转向。因此，若设n_1为电网频率在50 Hz（f_1 = 50 Hz）时异步发电机的同步转速，而n为异步发电机转子本身的旋转速度，则只要维持$n \pm n_2 = n_1$ = 常数，见式（1-25），则异步发电机定子绕组的感应电势，如同在同步发电机时一样，其频率将始终保持为f_1不变。

$$n \pm n_2 = n_1 = 同步转速 \quad (1-25)$$

异步发电机的滑差率$S = \frac{n_1 - n}{n_1}$，则异步发电机转子三相绕组内通入的电流频率应如式（1-26）所示：

$$f_2 = n_2 = \frac{pn_2}{60} = \frac{p(n_1 - n)}{60} = \frac{pn_1}{60} \times \frac{n_1 - n}{n_1} = f_1 S \quad (1-26)$$

式（1-26）表明：在异步发电机转子以变化的转速转动时，只要在转子的三相对称绕组中通入滑差频率（即S）的电流，则在异步发电机的定子绕组中就能产生50 Hz的恒频电势。

根据双馈异步发电机转子转速的变化，双馈异步发电机可有以下三种运行状态：

（1）亚同步运行状态。

在此种状态下，$n < n_1$，由滑差频率为f_2的电流产生的旋转磁场转速n_2与转子的转速方向相同，因此有$n + n_2 = n_1$。

（2）超同步运行状态。

在此种状态下，$n < n_1$，改变通入转子绕组的频率为f_2的电流相序，则其所产生的旋转磁场转速的转向与转子的转向相反，因此有$n - n_2 = n_1$。为了实现n_2转向反向，在由亚同步运行转向超同步运行时，转子三相绕组必须能自动改变其相序；反之，也是一样。

（3）同步运行状态。

在此种状态下，$n = n_1$，滑差频率$f_2 = 0$，这表明此时通入转子绕组的电流的频率为0，即是直流电流，因此其与普通同步发电机一样。

2. 等值电路及相量图

根据发电机理论，双馈异步发电机的等值电路如图 1-41 所示。

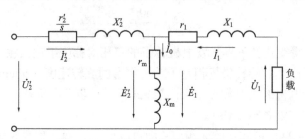

图 1-41 双馈异步发电机的等值电路

如图 1-41 所示，r_1、X_1、r_m、X_m、r_2'、X_2' 为定子、转子绕组及励磁绕组参数；$\dot{U}_1$、$\dot{I}_1$、$\dot{E}_1$ 及 $\dot{U}_2'$、$\dot{I}_2'$、$\dot{E}_2'$ 分别表示定子及转子绕组的电压、电流和感应电势；$\dot{I}_0$ 及 Φ_m 为励磁电流以及气隙磁通。只要知道发电机的参数，利用等值电路，就可以计算不同滑差率及负载下发电机的运行性能。双馈异步发电机稳态运行时的相量图如图 1-42 所示，相量图表明，在亚同步运行时，转子电路的滑差功率 $SP_{em} = M_{2S}U_2I\cos\varphi_2$，其为正值（$\cos\varphi_2 > 0$）表明需要由转子外接电源送入功率；在超同步运行时，转子电路的滑差功率 $SP_{em} = M_{2S}U_2I\cos\varphi_2$，其为负值表明转子可向外接电源送出功率。

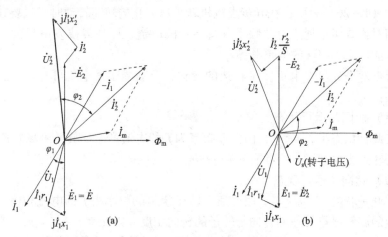

图 1-42 双馈异步发电机稳态运行时的相量图
(a) 亚同步运行；(b) 超同步运行

3. 功率传递关系

双馈异步发电机在亚同步运行及超同步运行时的功率流向如图 1-43 所

示,图中 P_{em} 表示发电机的电磁功率,S 表示发电机的滑差率,P_m 表示输入机械功率。

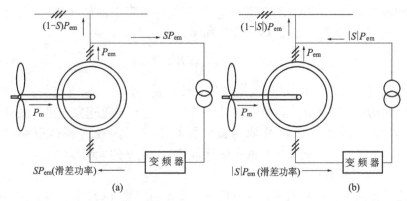

图1-43 双馈异步发电机运行时的功率流向
(a) 亚同步运行;(b) 超同步运行

(四)低速交流发电机

1. 风力机直接驱动的低速交流发电机的应用场合

众所周知,火力发电厂中应用的是高速交流发电机,核发电厂中应用的也是高速交流发电机,其转速为 3 000 r/min 或 1 500 r/min。在水力发电厂中应用的则是低速交流发电机,视水流落差的高低,其转速从每分钟几十转至每分钟几百转。这是因为火力发电厂是由高速旋转的汽轮机直接驱动交流发电机,而水力发电厂则是由低速旋转的水轮机直接驱动交流发电机的缘故。风力机也属于低速旋转的机械装置,中型及大型风力机的转速为 10~40 r/min,其比水轮机的转速还要低。大型风力发电机组在风力机与交流发电机之间装有增速齿轮箱,借助齿轮箱提高转速,因此这种发电机组应用的仍是高速交流发电机。如果由风力机直接驱动交流发电机,则必须应用低速交流发电机。

2. 低速交流发电机的特点

(1) 外形特点。

根据发电机理论可知:交流发电机的转速(n)与发电机的极对数(p)及发电机发出的交流电的频率(f)有固定的关系,如式(1-27)所示:

$$p = \frac{60f}{n} \quad (1-27)$$

当 $f=50$ Hz 为恒定值时,若发电机的转速越低,则发电机的极对数应越多。从发电机结构可知,发电机的定子内径(D_i)与发电机的极数($2p$)及极距(τ)成正比,如式(1-28)所示:

$$D_i = 2p\tau \tag{1-28}$$

因此，低速发电机的定子内径远大于高速发电机的定子内径。从发电机设计的原理又知，发电机的容量（P_N）与发电机定子内径（D_i）、发电机的轴向长度（l）有关，如式（1-29）所示：

$$P_M = \frac{1}{C}nD_i^2 l \tag{1-29}$$

由式（1-29）可知，当发电机的设计容量一定时，发电机的转速越低，则发电机的尺寸 $D_i^2 l$ 越大。而由式（1-28）知，对于低速发电机，发电机的定子内径大，因此发电机的轴向长度相对于定子内径而言是很小的，即 $D_i \gg 1$，也可以说，低速发电机的外形酷似一个扁平的大圆盘。

（2）绕组槽数。

由于低速发电机极数多，发电机每极每相的槽数（g）少。当 g 为小的整数（例如 $g=1$）时，就不能利用绕组分布的方法来削弱谐波在定子绕组中感应产生的谐波电热，同时由定子上齿轮槽效应而产生的齿谐波电势也加大了，这将导致发电机绕组的电势波形不再是正弦形，根据发电机绕组理论，采用分数槽绕组，则可以削弱高次谐波电势及高次齿谐波电势，使发电机绕组电势波形得到改善，成为正弦波形，所谓分数槽绕组就是发电机的每极每相槽数不是整数，而是分数，如式（1-30）所示：

$$q = \frac{Z}{2pm} = 分数 = b + \frac{c}{d} \tag{1-30}$$

式中：Z 表示沿定子铁芯内圆的总槽数；m 表示发电机的相数。

大型水轮发电机多采用分数槽绕组，在中、小型低速发电机中可采用斜槽（把定子铁芯上的槽或转子磁极扭斜一个定子齿距的大小）或采用磁性槽楔，也可减小齿谐波电势。

在风力发电系统中，若风力机为变速运行，并采用 AC—DC—AC 方式与电网连接时，也可不采用分数槽绕组，而在逆变器中采用 PWM（脉宽调制）方式来获得正弦波形的交流电。

（3）低速交流发电机转子磁极数多，采用永久磁体，可以使转子的结构简单，制造方便。

低速交流发电机的定子内径大，因而转子尺寸及惯量也大，这对平抑风力起伏引起的电动势波动是有利的，但转子轮缘的结构和其截面尺寸应能满足允许的机械强度及导磁的需要。

（4）结构形式。

根据风力机的结构形式分为水平轴及垂直轴两种形式，低速交流发电机也有水平轴及垂直轴两种形式。德国采用的是水平轴结构，而加拿大采用的是垂直轴结构形式。

（五）无刷双馈异步发电机

1. 结构

无刷双馈异步发电机在结构上由两台绕线式三相异步发电机组成。一台作为主发电机，其定子绕组与电网连接；另一台作为励磁发电机，其定子绕组通过变频器与电网连接。两台异步发电机的转子为同轴连接，转子绕组在电路上互相连接，因而在转子转轴上皆设有滑环和电刷，其结构性原理如图1-44所示。

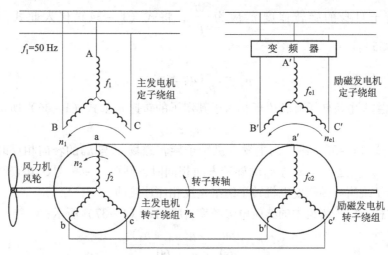

图1-44 无刷双馈异步发电机结构原理

2. 利用无刷双馈异步发电机实现变速恒频发电的原理

如图1-44所示，若风力机风轮经升速齿轮箱（图中未画出）带动异步发电机转子旋转，当风速变化时，则n_R也变化，即异步发电机为变速运行。设主发电机的极对数为p，励磁发电机的极对数为p_e，由图1-44可知，励磁发电机定子绕组是经变频器与电网连接的，设励磁发电机定子绕组由变频器输入的电流频率为f_{e1}，则励磁发电机定子绕组产生的旋转磁场n_{e1}如式（1-31）所示：

$$n_{e1} = \frac{60 f_{e1}}{p_e} \tag{1-31}$$

这样，在励磁发电机转子绕组中将感应产生频率为f_{e2}的电势及电流，若n_R与n_{e1}转向相反，则得式（1-32）：

$$f_{e2} = \frac{p_e(n_R - n_{e1})}{60} \tag{1-32}$$

若 n_R 与 n_{el} 转向相同时，则得式（1-33）：

$$f_{e2} = \frac{p_e(n_R + n_{el})}{60} \qquad (1-33)$$

因为两台发电机的转子绕组在电路上是互相连接的，故主发电机转子绕组中电流的频率 $f_2 = f_{e2}$，如式（1-34）所示：

$$f_2 = f_{e2} = \frac{p_e(n_R \pm n_{el})}{60} \qquad (1-34)$$

由发电机原理又知，主发电机转子绕组电流产生的旋转磁场相对于主发电机转子自身的旋转速度 n_2 应为 $\frac{60f_2}{p}$，将式（1-34）代入此式，则得式（1-35）：

$$n_2 = \frac{p_e}{p}(n_R \pm n_{el}) \qquad (1-35)$$

此主发电机转子旋转磁场相对于其定子的转速 n_1 如式（1-36）所示：

$$n_1 = n_R \pm n_2 \qquad (1-36)$$

在式（1-36）中，当主发电机转子旋转磁场 n_2 与 n_R 的转向相反时，应取"-"。反之，若 n_2 与 n_R 的旋转方向相同时，则取"+"号，其表明主发电机转子绕组与励磁发电机转子绕组是反相序连接的。

这样，定子绕组中的感应电势频率 f_1 应如式（1-37）所示：

$$f_1 = \frac{pn_1}{60} = \frac{p(n_R \pm n_2)}{60} \qquad (1-37)$$

将式（1-35）代入式（1-37）整理后可得式（1-38）：

$$f_1 = \frac{n_R(p \pm p_e)}{60} \pm f_{el} \qquad (1-38)$$

由式（1-38）可以看出，当风力机的风轮以转速 n_R 做变速运行时，只需改变由变频器输入励磁发电机定子绕组电流的频率 f_{el}，就可实现主发电机定子绕组输出电流的频率为恒定值（即 $f_1 = 50$ Hz），即达到了变速恒频发电的目的。

3. 能量传递关系

无刷双馈异步发电机运行时的能量传递情况在低风速运行与高风速运行时是不相同的，下面进行分别说明。

（1）低风速运行时，$n_1 > n_2$，n_{el} 与 n_R 旋转方向相反，如图1-45（a）所示，此时能量传递情况如图1-45（b）所示。图1-45中 P_m 表示发电机轴上输入机械功率；P_{el} 表示由变频器输入的电功率；P_1 表示主发电机定子绕组输出的电功率（不考虑发电机及变频器的各种损耗）。

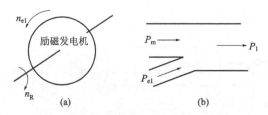

图 1-45 低风速运行时能量传递情况
(a) 示意图；(b) 能量传递图

(2) 高风速运行时，$n_1 > n_2$，n_{el} 与 n_R 旋转方向相反，如图 1-46 (a) 所示，此时能量传递情况如图 1-46 (b) 所示。从发电机轴上输入的机械功率 P_m 分别从主发电机定子绕组转换为电功率及由励磁发电机定子绕组转变为电功率经变频器馈入电网。

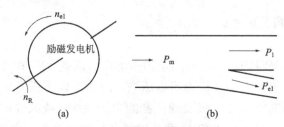

图 1-46 高风速运行时能量传递情况
(a) 示意图；(b) 能量传递图

4. 无刷异步发电机的优缺点

无刷异步发电机的主要优缺点如下：

(1) 由于不存在滑环及电刷，发电机运行时的事故率小，更安全可靠。

(2) 在高风速运行时，除去主发电机向电网送入电功率外，励磁发电机经变频器可向电源馈送电功率。

(3) 采用了两台异步发电机，整个发电机系统的结构尺寸增大，这将导致风力发电机组机舱结构尺寸及重量增加。

(六) 交流整流子发电机

在风力发电系统中采用交流整流子发电机 (A. C. Commutator Machina) 也可以实现在风力机变速运转下获得恒频交流电的目的。交流整流子发电机是一种特殊的发电机，这种发电机的输出频率等于其励磁频率，而与原动机的转速无关，因此只需有一个频率恒定的交流励磁电源，例如 50 Hz 的励磁电源就可以了。这种采用交流整流子发电机的变速恒频发电系统是由苏联科学院院士 M. П. Kostenko 于 20 世纪 40 年代提出的，在 20 世纪 80 年代，美国的大学曾进行过将这种发电机用于风力发电系统中的研究，图 1-47 所示为这种系统的原理简图。

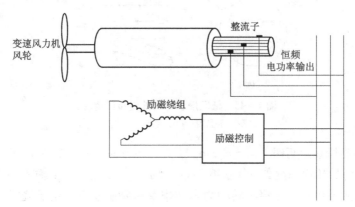

图1-47 变速恒频交流整流子发电机系

（七）高压同步发电机

1. 结构特点

这种发电机是将同步发电机的输出端电压提高到10~20 kV，甚至40 kV以上，因为发电机的定子绕组输出电压高，因而可以不用升压变压器而直接与电网连接，即其兼有发电机及变压器的功能，是一种综合的发电设备，故称为Powerformer，其是由ABB公司于1998年研制成功的。这种发电机在结构上有两个特点：一是发电机的定子绕组不是采用传统发电机中带绝缘的矩形截面铜导体，而是利用圆形的电缆线制成的，电缆具有坚固的固体绝缘，此外因为定子绕组的电压高，为满足绕组匝数的要求，定子铁芯槽形为深槽；二是发电机转子采用永磁材料制成，且为多极的，因为不需要电流励磁，故转子上没有滑环。

2. 高压发电机（Powerformer）在风力发电系统中的应用

此类发电机在风力发电系统中的主要特点如下：

（1）高压发电机与风力机转子叶轮直接连接，不用增速齿轮箱，以低速运转，减少了齿轮箱运行时的能量损耗，同时由于省去了一台升压变压器，又免除了变压器运行时的损耗，转子上没有励磁损耗及滑环上的摩擦损耗，故与采用具有齿轮增速传动及绕线式转子异步发电机的风力发电系统比较，系统的损耗降低，效率可提高约5%。这种高压发电机主要应用在风力发电系统中，又称为Windformer。

（2）由于不采用增速齿轮箱，故减少了运行时的噪声及机械应力，降低了维护工作量，提高了运行的可靠性。与传统的发电机相比，采用电缆线圈可减少线圈匝间及相间绝缘击穿的可能性，同时也提高了系统运行的可靠性。

(3) 采用这种技术的风电场与电网连接方便、稳妥。风电场中每台高压发电机的输出端可经过整流装置变换为高压直流电输出，并接到直流母线上实现并网，再将直流电经逆变器转换为交流电，输送到地方电网，若需要远距离输送电力时，可通过设置更高变比的升压变压器接入高压输电线路，如图 1-48 所示。

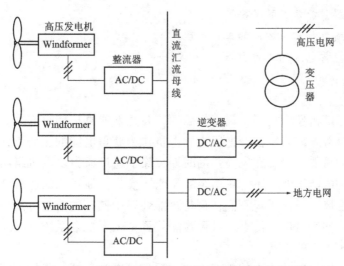

图 1-48　采用 Windformer 技术的风电场电气连接图

(4) 这种高压发电机因采用深槽形定子铁芯，会导致定子齿抗弯强度下降，因此必须采用新型强固的槽楔使定子铁芯齿得以压紧，同时因应用电缆来制造定子绕组，使得发电机的重量增加 20%~40%，但由于省去了一台变压器及增速齿轮箱，故风力发电机组的总重量并未增加。

(5) 这种发电机采用永磁式转子，需要用大量的永磁材料，同时对永磁材料的稳定性能要求高。

1998 年，ABB 公司展示了单机容量为 3~5 MW、电压为 1.2 kV 的高压永磁式同步发电机，计划安装于瑞典的某风电场（该风场为近海风场，年平均风速为 8 m/s，估计年发电量可达 11 GW·h），以期对海上风电场运行做出评价。

实施建议

1. 建议在教学过程中通过课件、动画、实物阐明各发电机的结构和原理。
2. 建议到风电场熟悉设备，并到拆装实训室进行设备拆装。

任务五　风力发电机组的蓄能装置认知

任务要求

1. 了解蓄能装置的必要性；
2. 熟悉各种蓄能方式的工作原理；
3. 掌握蓄电池的工作原理。

知识学习

风能是随机性的能源，具有间歇性，并且不能直接储存起来，因此，即使在风能资源丰富的地区，把风力发电机作为获得电能的主要方法时，必须配备适当的蓄能装置。在风力强的时期，除了通过风力发电机组向用电负荷提供所需的电能以外，还应将多余的风能转换为其他形式的能量储存在蓄能装置中，在风力弱或无风期间，再将蓄能装置中储存的能量释放出来，并转换为电能，向用电负荷供电。可见蓄能装置是风力发电系统中实现稳定和持续供电必不可少的工具。

当前风力发电系统中的蓄能方式主要有蓄电池蓄能、飞轮蓄能、电解水制氢蓄能、抽水蓄能、压缩空气蓄能和电解水制氢蓄能等几种。

（一）蓄电池蓄能

在独立运行的小型风力发电系统中，广泛使用蓄电池作为蓄能装置，蓄电池的作用是：当风力较强或用电负荷减小时，可以将风力发电机发出的电能中的一部分储存在蓄电池中，也就是向蓄电池充电，当风力较弱、无风或用电负荷增大时，储存在蓄电池中的电能向负荷供电，以补足风力发电机所发电能不足的情况，达到维持向负荷持续、稳定供电的作用。风力发电系统中常用的蓄电池有铅酸电池（铅蓄电池）和镍镉电池（碱性蓄电池）。

1. 蓄电池的种类及工作原理

在小型风力发电系统中使用的蓄电池根据蓄电池所使用的电极极板材料及电解液的不同，分为酸性蓄电池及碱性蓄电池两类。

（1）酸性蓄电池。

酸性蓄电池一般又称作铅蓄电池（或铅酸蓄电池）。这种蓄电池用二氧化铅（PbO_2）作为阳极极板材料，以铅（Pb）作为阴极极板材料，以稀硫酸（H_2SO_4）作为电解液。

铅蓄电池的工作原理是建立在化学反应基础上的。当二氧化铅及铅放在硫酸电解液中就会起化学作用,在阳极板(PbO_2)上形成正电位,在阴极板(Pb)上形成负电位,这样,在两极板之间即产生了 2 V 左右的电动势。当把蓄电池的两极板与外电路(负载)接通时,铅蓄电池在此电动势的作用下,就有电流从阳极流出经负载流向阴极(即阴极上的电子经负载进入阳极)。此时铅蓄电池两个极板上所发生的化学反应如式(1-39)所示:

$$PbO_2 + 2H_2SO_4 + Pb \rightarrow PbSO_4 + 2H_2O + PbSO_4 \tag{1-39}$$
（阳极）　　（阴极）（阳极）　　（阴极）

此式说明当铅蓄电池向外电路上的负载供电时,在蓄电池的阳极及阴极处皆生成 $PbSO_4$(硫酸铅)分子,并附在极板上,同时在原硫酸液中生成水分子(H_2O)。这种由蓄电池内部的化学反应而输出电能的过程称为放电(或蓄电池工作在放电状态)。由此可知,随着蓄电池放电,即在放电过程中,由于部分硫酸被消耗,电解液的密度会降低。因此,测定电解液密度的变化,就能判断铅蓄电池的放电程度。

铅蓄电池从外部供给电能,即在蓄电池上外接直流电源,将电能转换为化学能储存在蓄电池内的过程被称为充电。可见,充电是放电的逆过程。充电时,在阳极上生成二氧化铅(PbO_2),阴极上生成铅(Pb),即使在放电时消耗了的活性物质还原。充电时的化学反应如式(1-40)所示:

$$PbSO_4 + 2H_2O + PbSO_4 \rightarrow PbO_2 + 2H_2SO_4 + Pb \tag{1-40}$$
（阳极）　　（阴极）（阳极）　　（阴极）

从化学反应式可以看出,当铅蓄电池充电后,阳极和阴极上原来被消耗的活性物质复原了,与此同时电解液的水分减少、硫酸浓度提高。因此同样可以根据电解液密度的变化来判断铅蓄电池的充电程度。

(2) 碱性蓄电池。

碱性蓄电池有镉镍、铁镍和锌银等不同类型。碱性蓄电池也是利用阳极、阴极在电解液中所引起的化学反应而生成电能的。例如镉镍电池,阳极采用氢氧化镍〔$Ni(OH)_3$〕,阴极采用金属镉(Cd)作为极板材料,电解液为氢氧化钾(KOH)水溶液。氢氧化钾是碱性化合物,故这种蓄电池称为碱性蓄电池。氢氧化钾不直接参与反应,仅在电解液中起导电作用。碱性蓄电池的电动势为 1.2 V 左右。镉镍电池在放电时,电流从阳极经负载流向阴极,此时阳极被还原成低级氢氧化镍〔$Ni(OH)_2$〕,而阴极被氧化成氢氧化镉〔$Cd(OH)_2$〕。充电时由外面电源供给电能,电池中的化学反应与放电时相反。

2. 蓄电池的性能

蓄电池因其种类的差异及使用条件的不同,其性能也有很大差别,为了正确地使用蓄电池，必须掌握蓄电池的性能。

(1) 蓄电池的电动势及电压。

当外部电路断开，没有电流流经蓄电池时，蓄电池正（阳）极和负（阴）极间的电位差即蓄电池的电动势。电动势是使电池内及电池外电路中产生电流的原动力。在风力发电装置上使用的铅蓄电池及碱性蓄电池的电动势分别为 2 V 及 1.2 V 左右。在实际使用中，如欲获得较高的电压，可将数个蓄电池串联起来，例如欲获得 12 V 的电动势，就可将 6 个单格蓄电池串联组装。

当外电路闭合时，蓄电池正负两极间的电位差即蓄电池的电压（也称端电压）。蓄电池的电压在充电和放电过程中，电压是不相同的。这是因为蓄电池有内阻，在充电和放电电流流经蓄电池时，内阻上的压降方向不同所致。充电时蓄电池的电压高于其电动势，放电时电压低于其电动势，如式 (1-41) 和式 (1-42) 所示：

$$U(充电) = E(电动势) + I(充电电流) \times r(内阻) \quad (1-41)$$
$$U(放电) = E(电动势) - I(放电电流) \times r(内阻) \quad (1-42)$$

蓄电池的内阻随温度的变化比较明显，当温度在 25℃ 以下时，温度每降低 1℃，内阻将增加 1.7% ~2.0%。

(2) 蓄电池的容量。

1) 放电容量。

放电容量指蓄电池充足电以后，在一定的条件下，放电到规定的终止电压（即在此电压时放电终止）时对外电路所能供应的电能。蓄电池的容量通常以 A·h 表示。例如容量为 200 A·h 的蓄电池，就意味着这个蓄电池可连续放电 10 h，每小时的放电电流为 20 A（即 10 h 放电率电流，也即最佳放电电流值）。因此放电容量应如式 (1-43) 所示：

$$Q(放电容量) = I(放电电流) \times t(放电时间) \quad (1-43)$$

式中：Q 的单位为 A·h；I 的单位为 A；t 的单位为 h。

在放电过程中，蓄电池的电压随着放电而逐渐降低，在放电后期，电压急剧下降，以致几乎不能输出电能。因此，在放电时铅蓄电池的电压不能低于 1.4~1.8 V，碱性蓄电池的电压不能低于 0.8~1.1 V。

2) 充电容量。

蓄电池在充电时所消耗的电能称为充电容量。充电容量也以 A·h 表示，如式 (1-44) 所示：

$$Q(充电容量) = I(充电电流) \times t(充电时间) \quad (1-44)$$

蓄电池的最佳充电电流值即等于其最佳放电电流值。

(3) 蓄电池的寿命。

蓄电池能多次充电、放电，反复使用，蓄电池每充电、放电一次叫作一次充放循环。蓄电池经过多次充放循环后，其容量会降低，当蓄电池的容量降到标准值的80%以下时，就不能再使用了，因此蓄电池有一定的使用寿命。一般铅蓄电池的使用寿命是1~20年（充、放电100~2 000次）；碱性蓄电池的使用寿命是3~20年（充、放电500~3 000次）。影响蓄电池寿命的因素很多，例如充、放电过度，在高温下使用，电解液密度太大或纯度降低等都会导致蓄电池的性能变坏，降低蓄电池的寿命。在使用过程中应尽量避免这些不利条件，以延长蓄电池的寿命。

(4) 蓄电池的自行放电和自放电率。

蓄电池充电后，即使在外电路断开下搁置时，由于电池的局部作用也会造成电池容量的消耗而逐渐失去电量。这种蓄电池容量的损失与蓄电池搁置前的容量之比，称为蓄电池的自放电率，计算关系如式（1-45）所示：

$$Q_3 = \frac{Q_1 - Q_2}{Q_1} \times 100\% \qquad (1-45)$$

式中：Q_3表示自放电率（%）；Q_1表示蓄电池搁置前容量（A·h）；Q_2表示蓄电池搁置后容量（A·h）。

蓄电池的自行放电率平均每月约为20%，温度越高，蓄电池越陈旧，电解液（铅蓄电池）密度越大，自行放电就越显著。蓄电池在低温下使用时，必须对蓄电池搁置地点加温，这是因为在低温时，蓄电池充、放电的性能较差。在低温时，电解液中离子的扩散和移动困难，故内阻增加。蓄电池最低使用温度可达0℃左右。蓄电池在使用过程中会产生气体，在充电的后期，从极板上会产生氢气和氧气，氢气与氧气混合有发生爆炸的危险，因此放置蓄电池的空间应保持通风。

3. 蓄电池的结构

蓄电池从其结构特点上看有开启式、密封式、固定式和可移动式等；从极板的构成形式上看有多孔式、涂膏式和金属包层式等。

小型风力发电装置中经常使用的是汽车上用的铅蓄电池，典型的铅蓄电池（单格）结构如图1-49所示。6 V的单体盖裸露式干封移动式铅蓄电池由3个单格电池串联而成。每个额定电压为12 V的单体盖裸露式干封移动式铅蓄电池则由6个单格电池串联而成，如图1-50所示。

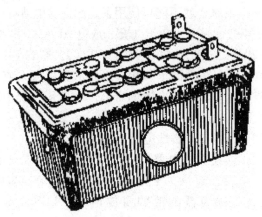

图 1-50 单体盖裸露式干封移动式铅蓄电池（12 V）

（二）飞轮蓄能

从运动力学可知，做旋转运动的物体皆具有动能，此动能也称为旋转的惯性能，其计算公式如式（1-46）所示：

$$A = \frac{1}{2}J\Omega^2 \qquad (1-46)$$

式中：A 表示旋转物体的惯性能量；J 表示旋转物体的转动惯量（$N \cdot m \cdot s^2$）；Ω 表示旋转物体的旋转角速度（rad/s）。

式（1-46）为旋转物体达到稳定的旋转角速率 Ω 时所具有的动能，若旋转物体的旋转角速率是变化的，例如由 Ω_1 增加到 Ω_2，则旋转物体增加的动能如式（1-47）计算可得：

$$\Delta A = J\int_{\Omega_1}^{\Omega_2}\Omega d\Omega = \frac{1}{2}(\Omega_2^2 - \Omega_1^2) \qquad (1-47)$$

这部分增加的动能即储存在旋转体中；反之，若旋转物体的旋转角速度减小，则有部分旋转的惯性动能被释放出来。同时由动力学原理知，旋转物体的转动惯量与旋转物体的重力及旋转部分的惯性直径有关，关系如式（1-48）所示：

$$J = \frac{GD^2}{4g} \qquad (1-48)$$

式中：G 表示旋转物体的重力；D 表示旋转物体的惯性直径；g 表示重力加速度（9.81 m/s^2）。

风力发电系统中采用飞轮蓄能，即在风力发电机的轴系上安装一个飞轮，利用飞轮旋转时的惯性储能原理，当风力强时，风能即以动能的形式储存在飞轮中；当风力弱时，储存在飞轮中的动能则释放出来驱动发电机发电。采用飞轮蓄能可以平抑由于风力起伏而引起的发电机输出电能的波动，改善电能的质量。风力发电系统中采用的飞轮一般多由钢制成，飞轮的尺寸大小则视系统所需储存和释放能量的多少而定。

（三）电解水制氢蓄能

众所周知，电解水可以制氢，而且氢可以储存。在风力发电系统中采用电解水制氢蓄能就是在用电负荷小时，将风力发电机组提供的多余电能用来电解水，使氢和氧分离，把电能储存起来，当用电负荷增大、风力减弱或无风时，可将储存的氢和氧在燃料电池中进行化学反应而直接产生电能，继续向负荷供电，从而保证供电的连续性，故这种蓄能方式是将随机的不可储存的风能转换为氢能储存起来，而制氢、储氢及燃料电池则是这种蓄能方式的关键技术和部件。

燃料电池（Fuel Cell）是一种化学电池，其原理是把燃料氧化时所释放出来的能量通过化学变化转化为电能。在以氢作燃料时，就是利用氢和氧化合时的化学变化所释放出来的化学能，通过电极反应，直接转化为电能，即 $H_2 + \frac{1}{2}O^2 \rightarrow H_2O + 电能$。此化学变化除产生电能外，只产生水，因此利用燃料电池发电是一种清洁的发电方式，且由于没有运动条件，工作起来更安全可靠。利用燃料电池发电的效率很高，例如碱性燃料电池的发电效率可达 $50\% \sim 70\%$。

在这种蓄能方式中，氢的储存也是一个重要环节，储氢技术有多种形式，其中以金属氧化物储氢最好，其储氢密度高，优于气体储氢及液态储氢，不需要高压和绝热的容器，安全性能好。

近年来国外还研制出了一种再生式燃料电池（Regenerative Fuel Cell），这种燃料电池既能利用氢氧化合直接产生电能，反过来应用它也可以电解水而产生氢和氧。

毫无疑问，电解水制氢蓄能是一种高效、清洁、无污染、工作安全、寿命长的蓄能方式，但燃料电池及储氢装置的费用则较贵。

（四）抽水蓄能

这种蓄能方式在地形条件合适的地区可以采用。所谓地形条件合适就是在安装风力发电机的地点附近有高地，在高地处可以建造蓄水池或水库，而在低地处有水。当风力强而用电负荷所需要的电能少时，风力发电机发出的多余的电能驱动抽水机，将低地处的水抽到高处的蓄水池或水库中转换为水的位能储存起来；在无风期或是风力较弱时，则将高地蓄水池或水库中储存的水释放出来流向低地水池，利用水流的动能推动水轮机转动，并带动与之连接的发电机发电，从而保证用电负荷不断电。实际上，这时已是风力发电和水力发电同时运行，共同向负荷供电，当然，在无风期，只要是在高地蓄水池或水库中有一定的蓄水量，就可靠水力发电来维持供电。

（五）压缩空气蓄能

与抽水蓄能方式相似，这种蓄能方式也需要特定的地形条件，即需要有挖掘的地坑、废弃的矿坑或是地下的岩洞。当风力强、用电负荷少时，可将风力发电机发出的多余的电能驱动一台由电动机带动的空气压缩机，将空气压缩后储存在地坑内；而在无风期或用电负荷增大时，则将储存在地坑内的压缩空气释放出来，形成高速气流，从而推动蜗轮机转动，并带动发电机发电。

实施建议

1. 建议在教学过程中通过课件、动画、实物阐明各蓄电池的结构和原理。
2. 建议到风电场熟悉设备，并到拆装实训室进行设备拆装。

任务六　风力发电机组偏航系统的认知

任务要求

1. 掌握偏航系统的组成；
2. 熟悉偏航系统的技术要求；
3. 了解偏航控制系统。

知识学习

偏航系统是水平轴式风力发电机组必不可少的组成系统之一。偏航系统的主要作用有两个：一是与风力发电机组的控制系统相互配合，使风力发电机组的风轮始终处于迎风状态，充分利用风能，提高风力发电机组的发电效率；二是提供必要的锁紧力矩，以保障风力发电机组的安全运行。风力发电机组的偏航系统一般分为主动偏航系统和被动偏航系统。被动偏航指的是依靠风力通过相关机构完成机组风轮对风动作的偏航方式，常见的有尾舵、舵轮和下风向三种；主动偏航指的是采用电力或液压拖动来完成对风动作的偏航方式，常见的有齿轮驱动和滑动两种形式。对于并网型风力发电机组来说，通常均采用主动偏航的齿轮驱动形式。

一、偏航系统的组成

偏航系统一般由偏航轴承、偏航驱动装置、偏航制动器、偏航计数器、纽缆保护装置和偏航液压装置等几个部分组成。偏航系统的一般组成结构如图 1-51 所示。

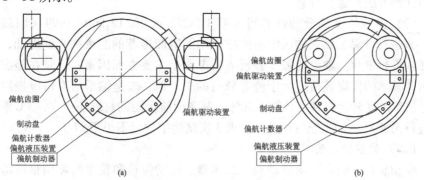

图 1-51　偏航系统结构简图
(a) 外齿驱动形式的偏航系统；(b) 内齿驱动形式的偏航系统

风力发电机组偏航系统一般有外齿形式和内齿形式两种。偏航驱动装置可采用电动机驱动,制动器可以是常闭式或常开式。常开式制动器一般是指由液压力或电磁力拖动时,制动器处于锁紧状态的制动器;常闭式制动器一般是指由液压力或电磁力拖动时,制动器处于松开状态的制动器。采用常开式制动器时,偏航系统必须具有偏航定位锁紧装置或防逆传动装置。

（一）偏航轴承

偏航轴承的轴承内、外圈分别与机组的机舱和塔体用螺栓连接。轮齿可采用内齿或外齿形式。外齿形式是轮齿位于偏航轴承的外圈上,加工相对来说比较简单;内齿形式是轮齿位于偏航轴承的内圈上,啮合受力效果较好,结构紧凑。具体采用内齿形式还是外齿形式应根据机组的具体结构和总体布置进行选择。偏航齿圈的结构如图1－52所示。

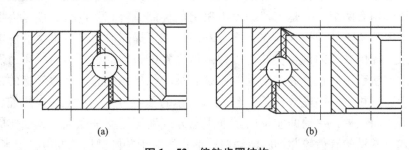

图1－52 偏航齿圈结构
(a) 外齿形式；(b) 内齿形式

偏航齿圈的相关计算方法如下：

(1) 偏航齿圈的轮齿强度计算可参照 DIN3900 和 GB 3480—1997《渐开线圆柱齿轮承载能力计算方法》及 GB 6413—1986《渐开线圆柱齿轮胶合承载能力计算方法》进行计算。

(2) 偏航轴承部分的计算可参照 DIN281 或 JB/T2 300—1999《回转支承》来进行计算,偏航轴承的润滑应使用制造商推荐的润滑剂和润滑油,轴承必须进行密封。轴承的强度分析应考虑两个主要方面因素：一是在静态计算时,轴承的极端载荷应大于静态载荷的1.1倍；二是轴承的寿命应按风力发电机组的实际运行载荷计算。此外,制造偏航齿圈的材料还应在 -3℃条件下进行V形切口冲击能量试验,要求3次试验平均值不小于27 J。

（二）偏航驱动装置

驱动装置一般由驱动电动机、减速器、传动齿轮和轮齿间隙调整机构等组成。驱动装置的减速器一般可采用行星减速器或蜗轮、蜗杆与行星减速器串联；传动齿轮一般采用渐开线圆柱齿轮。传动齿轮的齿面和齿根应采取淬火处理，一般硬度值应达到 HRC 5562。传动齿轮的强度分析和计算方法与偏航齿圈的分析和计算方法基本相同；轴静态计算应采用最大载荷，安全系数应大于材料屈服强度的 1 倍；轴的动态计算应采用等效载荷，并同时考虑使用系数 $K_A = 1.3$ 的影响，安全系数应大于材料屈服强度的 1 倍。偏航驱动装置要求启动平稳，转速均匀无振动现象。驱动装置的结构简图如图 1-53 所示。

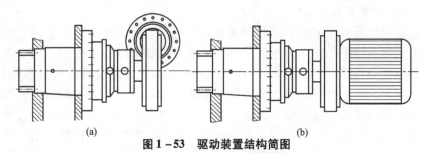

图 1-53 驱动装置结构简图
(a) 驱动电动机偏置安装；(b) 驱动电动机直接安装

(三) 偏航制动器

偏航系统中一般采用液压拖动的钳盘式制动器。

(1) 偏航制动器是偏航系统中的重要部件，制动器应在额定负载下，制动力矩稳定，其值应不小于设计值。在机组偏航过程中，制动器提供的阻尼力矩应保持平稳，与设计值的偏差应小于 5%，制动过程不得有异常噪声。制动器在额定负载下闭合时，制动衬垫和制动盘的贴合面积应不小于设计面积的 50%；制动衬垫周边与制动钳体的配合间隙任一处应不大于 0.5 mm。制动器应设有自动补偿机构，以便在制动衬垫磨损时进行自动补偿，以保证制动力矩和偏航阻尼力矩的稳定。在偏航系统中，制动器可以采用常闭式和常开式两种结构形式。常闭式制动器是在有动力的条件下处于松开状态，而常开式制动器则是处于锁紧状态。两种形式相比较并考虑失效保护，一般采用常闭式制动器。

(2) 制动盘通常位于塔架或塔架与机舱的适配器上，一般为环状，制动盘的材质应具有足够的强度和韧性，如果采用焊接连接，材质还应具有比较好的可焊性。此外，在机组寿命期内制动盘不应出现疲劳损坏。制动盘的连接、固定必须可靠牢固，表面粗糙度应达到 $Ra3.2\ \mu m$。

(3) 制动钳由制动钳体和制动衬垫组成。制动钳体一般采用高强度螺栓连接，用经过计算的足够的力矩固定于机舱的机架上。制动衬垫应由专用的摩擦材料制成，一般推荐用铜基或铁基粉末冶金材料制成，铜基粉末冶金材料多用于湿式制动器，而铁基粉末冶金材料多用于干式制动器。一般每台风力机的偏航制动器都备有两个可以更换的制动衬垫。

（四）偏航计数器

偏航计数器是记录偏航系统旋转圈数的装置，当偏航系统旋转的圈数达到设计所规定的初级解缆和终极解缆圈数时，计数器则给控制系统发信号使机组自动进行解缆。计数器一般是一个带控制开关的蜗轮、蜗杆装置或是与其相类似的程序。

（五）纽缆保护装置

纽缆保护装置是偏航系统必须具有的装置，它是出于失效保护的目的而安装在偏航系统中的。它的作用是在偏航系统的偏航动作失效后，当电缆的纽绞达到威胁机组安全运行的程度时而触发该装置，使机组进行紧急停机。一般情况下，这个装置是独立于控制系统的，一旦这个装置被触发，机组则必须进行紧急停机。纽缆保护装置一般由控制开关和触点机构组成，控制开关一般安装于机组塔架内壁的支架上，触点机构一般安装于机组悬垂部分的电缆上。当机组悬垂部分的电缆纽绞到一定程度后，触点机构被提升或被松开而触发控制开关。

二、偏航系统的技术要求

（一）环境条件

在进行偏航系统的设计时，必须考虑的环境条件如下：

(1) 温度；

(2) 湿度；

(3) 阳光辐射；

(4) 雨、冰雹、雪和冰；

(5) 化学活性物质；

(6) 机械活动微粒；

(7) 盐雾；

(8) 近海环境需要考虑的附加特殊条件。

应根据典型值或可变条件的限制，确定设计用的气候条件。选择设计值时，应考虑几种气候条件同时出现的可能性。在与年轮周期相对应的正常限制范围内，气候条件的变化应不影响所设计的风力发电机组偏航系统的正常运行。

（二）电缆

为保证机组悬垂部分电缆不至于产生过度的纽绞而使电缆断裂失效，必须使电缆有足够的悬垂量。

（三）阻尼

为避免风力发电机组在偏航过程中产生过大的振动而造成整机的共振，

偏航系统在机组偏航时必须具有合适的阻尼力矩。阻尼力矩的大小要根据机舱和风轮重量总和的惯性力矩来确定。其基本的确定原则为确保风力发电机组在偏航时应动作平稳、顺畅且不产生振动。只有在阻尼力矩的作用下，机组的风轮才能够定位准确，充分利用风能进行发电。

（四）解缆和纽缆保护

解缆和纽缆保护是风力发电机组偏航系统所必需具有的主要功能。偏航系统的偏航动作会导致机舱和塔架之间的连接电缆发生纽绞，所以在偏航系统中应设置与方向有关的计数装置或类似的程序对电缆的纽绞程度进行检测。一般对于主动偏航系统来说，检测装置或类似的程序应在电缆达到规定的纽绞角度之前发解缆信号。对于被动偏航系统检测装置或类似的程序应在电缆达到危险的纽绞角度之前禁止机舱继续同向旋转，并进行人工解缆。偏航系统的解缆一般分为初级解缆和终极解缆。初级解缆是在一定的条件下进行的，一般与偏航圈数和风速有关。纽缆保护装置是风力发电机组偏航系统必须具有的装置，这个装置的控制逻辑应具有最高级别的权限，一旦这个装置被触发，则风力发电机组必须进行紧急停机。

（五）偏航转速

对于并网型风力发电机组的运行状态来说，风轮轴和叶片轴在机组的正常运行时不可避免地会产生陀螺力矩，这个力矩过大将对风力发电机组的寿命和安全造成影响。为减小这个力矩对风力发电机组的影响，偏航系统的偏航转速应根据风力发电机组功率的大小通过偏航系统力学分析来确定。根据实际生产和目前国内已安装机型的实际状况，偏航系统偏航转速的推荐值见表1-1。

表1-1 偏航转速推荐值

风力发电机组功率/kW	100~200	250~350	500~700	800~1 000	1 200~1 500
偏航转速/($r \cdot min^{-1}$)	≤0.3	≤0.18	≤0.1	≤0.092	≤0.085

（六）偏航液压系统

并网型风力发电机组的偏航系统一般都设有液压装置，液压装置的作用是拖动偏航制动器松开或锁紧。一般液压管路应采用无缝钢管制成，柔性管路连接部分应采用合适的高压软管。连接管路的连接组件应通过试验来保证偏航系统所要求的密封和承受工作中出现的动载荷情况。液压元器件的设计、选型和布置应符合液压装置的有关具体规定和要求。液压管路应能够保持清洁，并具有良好的抗氧化性能。液压系统在额定的工作压力下不应出现渗漏现象。

（七）偏航制动器

采用齿轮驱动的偏航系统时，为避免振荡的风向变化引起偏航齿轮产生交变载荷，应采用偏航制动器（或称偏航阻尼器）来吸收微小自由偏转振荡，以防止偏航齿轮的交变应力引起齿轮过早损伤。对于由风向冲击叶片或风轮产生偏航力矩的装置，应经试验证实其有效性。

（八）偏航计数器

偏航系统中都设有偏航计数器，偏航计数器的作用是用来记录偏航系统所运转的圈数，当偏航系统的偏航圈数达到计数器的设定条件时，则触发自动解缆动作，机组进行自动解缆并复位。计数器的设定条件是根据机组悬垂部分电缆的允许扭转角度来确定的，其原则是要小于电缆所允许扭转的角度。

（九）润滑

偏航系统必须设置润滑装置，以保证驱动齿轮和偏航齿圈的润滑。目前国内机组的偏航系统一般都采用润滑脂和润滑油相结合的润滑方式，且需定期更换润滑油和润滑脂。

（十）密封

偏航系统必须采取密封措施以保证系统内的清洁及相邻部件之间的运动不会产生有害影响。

（十一）表面防腐处理

偏航系统各组成部件的表面处理必须适应风力发电机组的工作环境。风力发电机组比较典型的工作环境除风况之外，其他环境条件如热、光、腐蚀、机械、电或其他物理作用也应加以考虑。

三、偏航控制系统

偏航系统是一个随动系统，当风向与风轮轴线偏离一个角度时，控制系统经过一段时间的确认后，会控制偏航电动机将风轮调整到与风向一致的方位。偏航控制系统框图如图1-54所示。

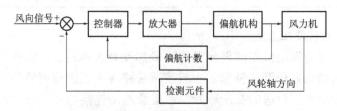

图1-54 偏航控制系统框图

就偏航控制本身而言，对响应速度和控制精度并没有要求，但在对风过程中风力发电机组是作为一个整体转动的，其具有很大的转动惯量，从稳定性考虑，需要设置足够的阻尼。

风力发电机组无论处于运行状态还是待机状态（风速 > 3.5 m/s），均能主动对风。当机舱在待机状态已调向 720°（根据设定）或在运行状态已调向 1 080°时，由机舱引入塔架的发电机电缆将处于缠绕状态，这时控制器会报告故障，风力发电机组将停机，并自动进行解缆处理（偏航系统按缆绕的反方向调向 720°或 1 080°），解缆结束后，故障信号消除，控制器自动复位。

在风轮前部或机舱一侧，装有风向仪（风标），当风力发电机组的航向（风轮主轴的方向）与风标指向偏离时，计算机开始记时。偏航时间达到一定值时，即认为风向已改变，计算机发出向左或向右调向的指令，直到偏差消除。

实施建议

1. 建议在教学过程中通过课件、动画、实物阐明偏航系统装置的结构和原理。
2. 建议到风电场熟悉设备，并到拆装实训室进行设备的拆装。

任务七　风力发电机组齿轮箱的认知

任务要求

1. 掌握风力发电机组齿轮箱的构造及主要部件；
2. 能够对风力发电机组齿轮箱进行设计。

知识学习

风力发电机组中的齿轮箱是一个重要的机械部件，其主要功能是将风轮在风力作用下所产生的动力传递给发电机，并使其得到相应的转速。风轮的转速很低，远达不到发电机发电的要求，必须通过齿轮箱齿轮副的增速作用来实现，故也将齿轮箱称为增速箱。

根据机组的总体布置要求，有时将与风轮轮毂直接相连的传动轴（俗称大轴）和齿轮箱的输入轴合为一体，其轴端形式是法兰盘连接结构。也有将大轴与齿轮箱分别布置，其间利用涨紧套装置或联轴节连接的结构。为了增加机组的制动能力，常常在齿轮箱的输入端或输出端设置刹车装置，配合叶尖制动（定桨距风轮）或变桨距制动装置共同对机组传动系统进行联合制动。

由于机组安装在高山、荒野、海滩、海岛等风口处，受无规律的变向、变载荷的风力作用以及强阵风的冲击，并常年经受酷暑、严寒和极端温差的影响，加之所处自然环境交通不便，且齿轮箱安装在塔顶的狭小空间内，一旦出现故障，修复非常困难，故对其可靠性和使用寿命都提出了比一般机械装置高得多的要求。例如，对构件材料的要求，除了具有常规状态下机械性能外，还应该具有低温状态下抗冷脆性等特性；应保证齿轮箱平稳工作，防止振动和冲击，保证充分的润滑条件等；对冬、夏温差巨大的地区，要配置合适的加热和冷却装置；还要设置监控点，对运转和润滑状态进行遥控。不同形式的风力发电机组有不一样的要求，齿轮箱的布置形式以及结构也因此而异。本任务是以水平轴风力发电机组用固定平行轴齿轮传动和行星齿轮传动为代表进行说明的。

一、齿轮箱的构造

风力发电机组齿轮箱的种类很多，按照传统类型可分为圆柱齿轮箱、行星齿轮箱以及它们互相组合起来的齿轮箱；按照传动的级数可分为单级和多级齿轮箱；按照转轴的布置形式又可分为展开式、分流式和同轴式以及混合式等。常用风力发电机组齿轮箱形式、特点和应用见表1-2。

表1-2 常用风力发电机组齿轮箱的形式和应用

传动形式		传动简图	推荐传动比	特点及应用
两级圆柱齿轮传动	展开式		$i=i_1i_2$ $i=8\sim60$	①结构简单，但齿轮相对于轴承的位置不对称，因此要求轴有较大的刚度。高速级齿轮布置在远离转矩输入端，这样，轴在转矩作用下产生的扭矩变形可部分互相抵消，以减缓沿齿宽载荷分布不均匀的现象。其用于载荷比较平稳的场合。 ②高速级齿轮一般做成斜齿，低速级可做成直齿
	分流式		$i=i_1i_2$ $i=8\sim60$	①结构复杂，但由于齿轮相对于轴承对称布置，与展开式相比载荷沿齿宽分布均匀、轴承受载较均匀。中间轴危险截面上的转矩仅相当于轴所传递转矩的一半。适用于变载荷的场合。 ②高速级齿轮一般用斜齿，低速级可用直齿或人字齿

续表

传动形式		传动简图	推荐传动比	特点及应用
两级圆柱齿轮传动	同轴式		$i = i_1 i_2$ $i = 8 \sim 60$	减速器横向尺寸较小，两对齿轮浸入油中深度大致相同，但轴向尺寸和重量较大，且中间轴较长、刚度差，使沿齿宽载荷分布不均匀，高速轴的承载能力难以充分利用，两级圆柱齿轮传动同轴
	同轴分流式		$i = i_1 i_2$ $i = 8 \sim 60$	每对啮合齿轮仅传递全部载荷的一半，输入轴和输出轴只承受扭矩，中间轴只受全部载荷的一半，故与传递同样功率的其他减速器相比，轴颈尺寸可以缩小
二级圆柱齿轮传动	展开式		$i = i_1 i_2 i_3$ $i = 40 \sim 400$	同两级展开式、分流式
	分流式		$i = i_1 i_2 i_3$ $i = 40 \sim 400$	同两级分流式
行星齿轮传动	单级NGW		$i = 2.8 \sim 12.5$	与普通圆柱齿轮减速器相比，尺寸小、重量轻，但制造精度要求较高，结构较复杂，在要求结构紧凑的动力传动中应用广泛
	两级NGW		$i = i_1 i_2$ $i = 14 \sim 160$	同单级NGW型
一级行星、两级圆柱齿轮传动	混合式		$i = 20 \sim 80$	低速轴为行星传动，使功率分流，同时合理应用了内啮合形式。末二级为平行轴圆柱齿轮传动，可合理分配减速比，提高传动效率

二、齿轮箱的主要零部件

(一) 箱体

箱体是齿轮箱的重要部件，它承受来自风轮的作用力和齿轮传动时产生的反作用力。箱体必须具有足够的刚性以承受力和力矩的作用，防止变形，保证传动质量。箱体的设计应按照风力发电机组动力传动的布局、加工和装配、检查以及维护等要求来进行。应注意轴承支承和机座支撑的不同方向的反作用力及其相对值，选取合适的支承结构和壁厚，并增设必要的加强筋。筋的位置需与引起箱体变形的作用力的方向相一致。箱体的应力情况十分复杂且分布不匀，只有采用现代计算方法，如有限元、断裂力学等方法辅以模拟实际工况的光弹实验，才能较为准确地计算出应力分布的状况。利用计算机辅助设计，可以获得与实际应力十分接近的结果。采用铸铁箱体可发挥其减振性，易于切削加工等特点，适于批量生产。常用的材料有球墨铸铁和其他高强度铸铁。设计铸造箱体时应尽量避免壁厚突变，减小壁厚差，以免产生缩孔和疏松等现象。用铝合金或其他轻合金制造的箱体，可使其重量较铸铁轻20%~30%，但从另一角度考虑，用轻合金铸造箱体，降低重量的效果并不显著。这是因为轻合金铸件的弹性模量较小，为了提高刚性，设计时需加大箱体受力部分的横截面积，并在轴承座处加装钢制轴承座套，其相应部位的尺寸和重量都要加大。目前除了较小的风力发电机组尚用铝合金箱体外，大型风力发电机齿轮箱应用轻铝合金铸件箱体的情况已不多见。单件、小批生产时，常采用焊接或焊接与铸造相结合的箱体。为减小机械加工过程和使用中的变形，防止出现裂纹，无论是铸造还是焊接箱体均应进行退火和时效处理，以消除内应力。为了便于装配和定期检查齿轮的啮合情况，在箱体上应设有观察窗。机座旁一般设有连体吊钩，供起吊整台齿轮箱用。箱体支座的凸缘应具有足够的刚性，尤其是作为支承座的耳孔和摇臂支座孔的结构，其支承刚度要做仔细的校核计算。为了减小齿轮箱传到机舱机座的振动，齿轮箱可安装在弹性减振器上。最简单的弹性减振器是用高强度橡胶和钢垫做成的弹性支座块，合理使用弹性减振器也能取得较好的结果。箱盖上还应设有透气罩、油标或油位指示器，在相应部位设有注油器和放油孔。放油孔周围应留有足够的放油空间。采用强制润滑和冷却的齿轮箱，在箱体的合适部位应设置进出油口和相关液压件的安装位置。

(二) 齿轮和轴

风力发电机组运转环境非常恶劣，受力情况复杂，要求所用的材料除了要满足机械强度条件外，还应满足极端温差条件下所具有的材料特性，如抗低温冷脆性及冷热温差影响下的尺寸稳定性等。对齿轮和轴类零件而言，由于其传递动力的作用而要求极为严格的选材和结构设计,一般情况下不推荐采用装配式拼装结构或焊接结构,齿轮毛坯只要在锻造条件允许的范围内,都采用轮辐、轮缘整体锻件的形式。当齿轮顶圆直径在 2 倍轴径以下时,由于齿轮与轴之间的连接所限,故常制成轴齿轮的形式。为了提高承载能力,齿轮一般都采用优质合金钢制造。外齿轮推荐采用 20CrMnMo、15CrNi6、17Cr2Ni2A、20CrNi2MoA、17Cr2NiMc6、17Cr2Ni2MoA 等材料。内齿圈按其结构要求,可采用 42CrMoA/34Cr2Ni2MoA 等材料,也可采用与外齿轮相同的材料。采用锻造的方法制取毛坯,可获得良好的锻造组织纤维和相应的力学特征。进行合理的预热处理以及中间和最终热处理工艺,以保证材料的综合机械性能达到设计要求。

1. 齿轮精度

齿轮箱内用作主传动的齿轮精度:外齿轮不低于 5 级 GB/T 10095—2001,内齿轮不低于 6 级 GB/T 10095—2001。选择齿轮精度时要综合考虑传动系统的实际需要,良好的传动质量是靠传动装置各个组成零件的精度和内在质量来保证的,不能片面强调提高个别件的要求,进而使成本大幅度提高,却达不到预定的效果。

2. 渗碳淬火

通常齿轮最终热处理的方法是渗碳淬火,齿表面硬度达到 HRC ±2,同时规定随模数大小变化而变化的硬化层深度要求,使齿面具有良好的抗磨损接触强度;轮齿芯部则具有相对较低的硬度和较好的韧性,能提高抗弯曲强度。渗碳淬火后能获得较理想的表面残余应力,它可以使轮齿最大拉应力区的应力减小。因此对齿根部分通常保留热处理后的表面,在前道工序滚齿时要用齿形带触角的留磨量滚刀、滚齿,从而保证在磨齿时不会磨去齿根部分。磨齿时应选择合适的砂轮和切削用量,并辅以大流量的切削冷却液,这些是为了防止出现磨齿裂纹和烧伤的重要措施。对齿轮进行超声波探伤、磁粉探伤和涂色探伤,以及进行必要的金相检验等都是控制齿轮内在质量的有效措施。

3. 齿形加工

为了减轻齿轮副啮合时的冲击,降低噪声,需要对齿轮的齿形和齿向进行修形。在齿轮设计计算时,可根据齿轮的弯曲强度和接触强度初步确定轮齿的变形量,再结合轴的弯曲、扭转变形以及轴承和箱体的刚度,绘出齿形和齿向修形曲线,并在磨齿时进行修正。在一对齿轮副中,小齿轮的齿宽应比大齿轮略大一些,这主要是为了补偿轴向尺寸变动,便于安装。

4. 齿轮与轴的连接

(1) 平键连接:这种方法常用于具有过盈配合的齿轮或联轴节的连接。

由于键是标准件,故可根据连接的结构特点、使用要求和工作条件进行选择。如果强度不够,可采用双键,使其成180°布置,在强度校核时按1.5个键计算。

(2) 花键连接:通常这种连接是没有过盈的,因而被连接的零件需要轴向固定。花键连接承载能力高,对中性好,但制造成本高,需用专用刀具加工。花键按其齿形不同,可分为矩形花键、渐开线花键和三角形花键三种。渐开线花键连接在承受负载的位置时,齿间的径向力能起到自动定心作用,使各个齿受力比较均匀,其加工工艺与齿轮大致相同,易获得较高的精度和互换性,故在风力发电齿轮箱中应用较广。

(3) 过盈配合连接:过盈配合连接能使轴和齿轮(或联轴节)具有最好的对中性,特别是在经常出现冲击载荷的情况下,这种连接能可靠地工作,在风力发电齿轮箱中得到了广泛的应用。利用零件间的过盈配合形成的连接,其配合表面为圆柱面或圆锥面(锥度可取1:30~1:8)。圆锥面过盈连接多用于载荷较大、需多次装拆的场合。

(4) 胀紧套连接:其利用轴、孔与锥形弹性套之间接触面上产生的摩擦力来传递动力,是一种无键连接方式,定心性好,装拆方便,承载能力高,能沿周向和轴向调节轴与轮毂的相对位置,且具有安全保护作用。弹性套是在轴向压紧力的作用下,其锥面迫使被其套住的轴内环缩小,压紧被包容的轴颈,形成过盈结合面而实现连接。弹性套材料多用65#、65Mn、55Cr2或60Cr2等钢材。弹性套的工作应力一般不应超过其材料的屈服极限,其强度和变形可根据圆锥面过盈连接公式计算。内外环与轴和毂孔的配合度通常取H7/H6,配合表面粗糙度为$Ra0.8~0.2~\mu m$。连接表面的压力可按厚壁圆筒的有关公式计算。

(5) 轴的设计:齿轮箱中的轴按其主动和被动关系可分为主动轴、从动轴和中间轴。首级主动轴和末级从动轴的外伸部分与风轮轮毂、中间轴或电动机传动轴相连接。为了提高可靠性,减小外形尺寸,有时将半联轴器(法兰)与轴制成一体。

输出轴和输入轴的轴径 d (mm) 可按式 (1-49) 粗略计算:

$$d = A^3 \sqrt{\frac{P}{n}} \qquad (1-49)$$

式中:A 表示与材料有关的系数($A = 105 \sim 115$,材料较好时取较小值);P 表示轴传递的功率(kW);n 表示轴的转速(r/min)。

d 按计算结果取较大值,并圆整成标准直径,且以此为最小轴径设计成阶梯轴。中间轴直径则按弯矩和扭矩的合成进行计算。在轴的设计图完成后再进行精确的分析计算，最终完善细部结构。由于是增速传动，较大的传动比使轴上的齿轮直径较小，因而输出轴往往采用轴齿轮的结构。为保证轴的强度和刚度，允许轴的直径略小于齿轮顶圆，此时要注意留有滚齿、磨齿的退刀间距，尽可能避免损伤轴承、轴颈。

轴上各个配合部分的轴颈需要进行磨削加工。为了减少应力集中，对轴上台肩处的过渡圆角、花键向较大轴径过渡部分，均应做必要的处理（例如抛光）以提高轴的疲劳强度。在过盈配合处，为减少轮毂边缘的应力集中，压合处的轴径应比相邻部分轴径加大5%或在轮毂上开出卸荷槽。装在轴上的零件，轴向固定应可靠，工作载荷应尽可能用轴上的止推轴肩来承受，相反方向则可利用螺帽或其他紧固件固定。为防止螺纹松动，可利用止动垫圈、双螺帽垫圈、锁止螺钉或串联铁丝等进行紧固。有时为了节省空间、简化结构，也可以用弹簧挡圈代替螺帽和止动垫圈，但这些不能用于轴向载荷过大的地方。

轴的材料采用碳钢和合金钢。如 40#、45#、50#、40Cr、50Cr、42CrMoA 等，常用的热处理方法为调质，而在重要部位需做淬火处理。要求较高时可采用 20CrMnTi、20CrMo、20MnCr5、17CrNi5、16CrNi 等优质低碳合金钢，并进行渗碳淬火处理，以获取较高的表面硬度和芯部韧性。

（6）滚动轴承：在齿轮箱的支承中，大量应用滚动轴承，其特点是静摩擦力矩和动摩擦力矩都很小，即使载荷和速度在很宽范围内变化时也如此。滚动轴承的安装和使用都很方便，但是，当轴的转速接近极限转速时，轴承的承载能力和寿命急剧下降，且高速工作时的噪声和振动比较大。齿轮传动时轴和轴承的变形会引起齿轮和轴承内外圈轴线的偏斜，使轮齿上载荷分布不均匀，并会降低传动件的承载能力。选用轴承时，不仅要根据载荷的性质，还应根据部件的结构要求来确定最终部件。其相关技术标准（如 DIN281）或者轴承制造商的样本都有整套的计算程序可供参考。

一般推荐在极端载荷下的静承载能力系数 f_s 应不小于 2.0 。对风力发电机组齿轮箱输入轴承的静强度计算时，需计入风轮的附加静载荷。轴承的使用寿命采用扩展寿命计算方法来进行计算，其所用的失效概率设定为 10%，当按典型载荷谱考虑时，其平均当量动载荷按式（1-50）计算：

$$P_m = \varepsilon \sqrt{\frac{1}{N} \int_0^N P^\varepsilon dN} \qquad (1-50)$$

式中：P_m 表示平均当量动载荷；P 表示作用于轴承上的当量动载荷；N 表示总循环次数；ε 表示寿命指数（对于球轴承，$\varepsilon = 3$，滚动轴承 $\varepsilon = 10/3$），计算时的使用寿命应不小于 13 万小时。

在运转过程中，当安装、润滑、维护都正常时，轴承会由于套圈与滚动体的接触表面受交变载荷的反复作用而产生疲劳剥落，其过程是：首先在其表面下出现细小裂纹；在继续运转过程中，裂纹逐步增大，继而材料剥落，产生麻点，最后造成大面积剥落。疲劳剥落若发生在寿命期限之外，则属于滚动轴承的正常损坏。一般所说的轴承寿命指的是轴承的疲劳寿命。一批轴承的疲劳寿命总是分散的，但总是服从一定的统计规律，因而轴承寿命总是与其损坏概率或可靠性相联系。

对于轴承损坏，实践中主要凭借轴承支承工作性能的异常来辨别。运转不平稳和噪声异常，往往是轴承滚动面受损或因磨损导致径向游隙增大而产生损坏的反映。当运转时支承有沉重感、不灵便、摩擦力大，这一般是由于滚道损坏、轴承过紧或润滑不良造成的，其表现就是温度升高。在日常运转过程中，工作条件没有变而温度突然上升，通常就是轴承损坏的标志。在监控系统中可以用温度或振动测量装置来检测箱体的轴承部位，以便及时发现轴承工作性能方面的变化。在风力发电齿轮箱上常采用的轴承有圆柱滚子轴承、圆锥滚子轴承和调心滚子轴承等。在所有的滚动轴承中，调心滚子轴承的承载能力最大，且能够广泛应用在承受较大负载或者难以避免同轴误差和挠曲较大的支承部位。调心滚子轴承装有双列球面滚子，滚子轴线倾斜于轴承的旋转轴线，其外圈滚道呈球面形，因此滚子可在外圈滚道内进行调心，以补偿轴的挠曲和同心误差。这种轴承的滚道形面与球面滚子形面非常匹配。双排球面滚子在具有三个固定挡边的内圈滚道上滚动，中挡边引导滚子的内端面。当带有滚子组件的内圈从外圈中向外摆动时，则由内圈的两个外挡边保持滚子位置。每排滚子均有一个黄铜实体保持架或钢制冲压保持架。通常在外圈上设有环形槽，其上有三个径向孔，用作润滑油通道，以使轴承得到极为有效的润滑。轴承的套圈和滚子主要用铬钢制造，并经淬火处理，其具备足够的强度、高的硬度与良好的韧性和耐磨性。

（三）密封

齿轮箱轴伸部位的密封一方面应能防止润滑油外泄，同时也能防止杂质进入箱体。常用的密封分为非接触式密封和接触式密封两种。

1. 非接触式密封

所有的非接触式密封不会产生磨损，使用时间长。轴与端盖孔的间隙形成的密封是一种简单密封，此间隙的大小取决于轴的径向跳动大小和端盖孔相对于轴承孔的不同轴度。在端盖孔或轴颈上加工出一些沟槽，一般为2~4个，并形成所谓的迷宫，沟槽底部开有回油槽，以使外泄的油液遇到沟槽后改变方向输回到箱体中。也可以在密封的内侧设置甩油盘，阻挡飞溅的油液，以增强密封效果。

2. 接触式密封

接触式密封使用的密封件应密封可靠、耐久、摩擦阻力小、容易制造和装拆，应能随压力的升高而提高密封能力，有利于自动补偿磨损。常用的旋转轴使用的是唇形密封圈，其有多种形式，可按标准选取（见标准GB 13871—1992或与之等效的 ISO 6194/1982）。密封部位轴的表面粗糙度为 $Ra0.2 \sim 0.63~\mu m$，与密封圈接触的轴表面不允许有螺旋形的机加工痕迹，轴端应有小于30°的导入倒角，倒角上不应有锐边、毛刺和粗糙的机加工残留物。

（四）齿轮箱的润滑、冷却

齿轮箱的润滑十分重要，良好的润滑能够对齿轮和轴承起到足够的保护作用。为此，必须高度重视齿轮箱的润滑问题，严格按照规范使润滑系统长期处于最佳状态。齿轮箱常采用飞溅润滑或强制润滑形式，一般以强制润滑较为常见。因此，配备可靠的润滑系统尤为重要。在机组润滑系统中，齿轮泵从油箱将油液经滤油器输送到齿轮箱的润滑系统，对齿轮箱的齿轮和传动件进行润滑，管路上装有各种监控装置，确保齿轮箱在运转当中不会出现断油。保持油液的清洁十分重要，即使是第一次使用的新油，也要经过过滤，系统中除了主滤油器以外，最好加装旁路滤油器或辅助滤油器，以确保油液的洁净。对润滑油的要求应考虑能够起到保护齿轮和轴承的作用。此外还应具备以下性能：

（1）减小摩擦和磨损，具有高的承载能力，防止胶合；

（2）吸收冲击和振动；

（3）防止疲劳点蚀；

（4）冷却、防锈、抗腐蚀。

风力发电齿轮箱属于闭式齿轮传动类型，其主要失效形式是胶合与点蚀，故在选择润滑油时，重点是要保证有足够的油膜厚度和边界膜强度。硬齿面在转动中承受高压和高温，在滑动和滚动摩擦的作用下，因润滑不足，很可能会在齿轮箱运转的初期（例如一年左右）及在 $10^5 \sim 10^6$ Pa 应力循环的作用时，出现一些直径为 10 mm 左右的麻点，我们称为"微点蚀"现象，进而使噪声增大，引起毁坏性的点蚀和齿面剥落损坏现象。高品质的润滑油在整个预期寿命内都应保持良好的抗磨损和抗胶合性能。黏度是润滑油的一个最重要的指标，应根据环境和操作条件选定。为提高齿轮的承载能力和抗冲击能力，适当地添加一些添加剂可以提高润滑性能，减少氧化，但添加剂有一些副作用，在选择时必须慎重。齿轮箱制造厂一般根据自己的经验或实验研究推荐各种不同的润滑油，常用的有 MOBIL632、MOBIL630 或 L-CKC320、L-CKC20、

GB 5903-9，齿轮油一般是根据齿面接触应力和轴承使用要求以及环境条件选用的。

润滑油公司推荐的合成油，例如 MobilgearXMP 和 SHCXPM 是专为风力发电齿轮箱研制的油品。合成油的主要优点是：在极低温度状况下具有较好的流动性；在高温时，化学稳定性好，并可抑制黏度降低的情况。这就不同于普通的矿物油，不会出现遇高温分解而在低温时易于凝结的情况。为解决低温下启动时普通矿物油需解冻的问题，在高寒地区应给机组设置油加热装置。常见的油加热装置是电热管式的，装在油箱底部。在冬季低温状况下启动时，利用油加热器将油液加热至 10℃ 以上再启动机组，以避免因油的流动性不良而造成润滑失效，损坏齿轮和传动件的情况。

润滑油系统中的散热器常用风冷式的，由系统中的温度传感器控制，在必要时通过电控旁路阀自动打开冷却回路，而使油液先流经散热器散热，再进入齿轮箱。

实施建议

1. 建议在教学过程中通过课件、动画、实物来阐明装置的结构和原理。
2. 建议到风电场熟悉设备，并到拆装实训室进行设备的拆装。

实例介绍　1 500 kW 双馈式风力发电机组

一、综述

运达 1.5 MW 系列风力发电机组采用了兆瓦级风力发电机组的经典设计：叶轮采用三叶片、水平轴、上风向布置，三点式支撑；传动系统采用一级行星齿轮与两级平行齿增速齿箱和双馈异步发电机；功率控制采用变速恒频技术和机电伺服驱动的变桨技术，并运用了国际先进的载荷优化控制策略。

（一）WD70/77/82 - 1500 风力发电机组特点

1. 可靠性高，维护成本低

（1）机组总体结构采用国际流行的经典设计，技术成熟，性能可靠；

（2）具备成熟的产业链配套能力，维修方便，成本低；

（3）机组采用国际最先进的载荷优化控制技术，优化机组载荷，提高可靠性。

2. 风能利用率较高，保证了最佳发电量

通过采用变速控制和变桨控制之间先进的耦合技术使得机组能实现高效

率的能量转换,并在同等条件下获得更多的能量输出,以提高发电量。

3. 具有良好的电网适应性,电能品质高

在并网时,保持机组的定子电压与电网电压同相同频,实现无冲击同步并网。

4. 支持低电压穿越技术

采用符合国际标准的低电压穿越技术,满足电网对大规模风场入网的稳定性要求。

5. 机组具备抗低温、抗风沙和抗雷击等特点

考虑到我国北方高寒地区的特性,机组采用了抗低温、适应低空气密度和防风沙等特殊设计,从保证机组能适应极端环境状况并能有效运转。

6. 适应不同风场类型的系列化产品

拥有三款叶片长度(70 m/77 m/82 m)、多款塔架高度(65 m/80 m)设计,可根据风场风力资源的具体情况进行配置,满足各类型风电场的需求,其中WD70 - 1500风力发电机组采用加强型设计,可满足台风地区需求。

(二)机组技术参数(表)

各款1 500 kW发电机机型基本参数见表1-3。

表1-3 各款1 500 kW发电机机型基本参数

技术参数	机 型		
	WD82 - 1500	WD77 - 1500	WD70 - 1500
额定功率/kW	1 500	1 500	1 500
功率因数	-0.95 ~ +0.95	-0.95 ~ +0.95	-0.95 ~ +0.95
切入风速/(m·s^{-1})	3	3	3
额定风速/(m·s^{-1})	10.5	11.0	11.5
切出风速/(m·s^{-1})	25	25	25
最大抗风/(m·s^{-1})	52.5	52.5	59.5
运行温度/℃	-20 ~45 -30 ~45	-20 ~45 -30 ~45	-20 ~45 -30 ~45
风 轮			
直径/m	82	77	70
扫掠面积/m^2	5 278	4 654	3 847
叶片数	3	3	3

续表

技术参数	机　型		
	WD82-1500	WD77-1500	WD70-1500
风　轮			
叶片材料	玻璃纤维增强树酯（GRP）	玻璃纤维增强树酯（GRP）	玻璃纤维增强树酯（GRP）
风轮转速/(r·min^{-1})	9.9~17.2	9.9~17.2	10.8~19.2
齿轮箱			
类型	一级行星二级平行轴	一级行星二级平行轴	一级行星二级平行轴
传动比	104	104	94
发电机			
类型	绕线式双馈异步发电机	绕线式双馈异步发电机	绕线式双馈异步发电机
额定功率/kW	1 500	1 500	1 500
额定电压/V	690	690	690
电网频率/Hz	50	50	50
额定转速 d/(r·min^{-1})	1 800	1 800	1 800
变流系统			
容量/kVA	480/770	480/770	480/770
刹车			
主制动系统	叶片独立变桨制动	叶片独立变桨制动	叶片独立变桨制动
机械刹车	高速轴机械盘式刹车	高速轴机械盘式刹车	高速轴机械盘式刹车
安全	失效保护	失效保护	失效保护
偏航系统			
类型	电动机驱动	电动机驱动	电动机驱动
控制	主动对风	主动对风	主动对风
偏航制动	液压盘式制动	液压盘式制动	液压盘式制动
塔架			
类型	圆锥形钢结构塔架	圆锥形钢结构塔架	圆锥形钢结构塔架
轮毂高度/m	80	65，80	65，80
控制系统			
主控制器	WP4000	WP4000	WP4000

续表

技术参数	机 型		
	WD82-1500	WD77-1500	WD70-1500
控制系统			
远程监控	通过调制解调器/互联网	通过调制解调器/互联网	通过调制解调器/互联网
防雷系统	叶尖接闪器	叶尖接闪器	叶尖接闪器
	可靠的电涌保护装置	可靠的电涌保护装置	可靠的电涌保护装置
	电气部件的过压保护	电气部件的过压保护	电气部件的过压保护

风力发电机组机舱内各部件示意情况如图 1-55 所示。

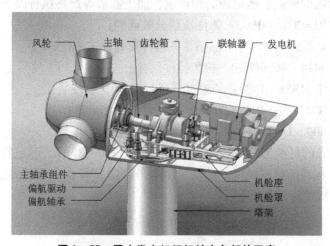

图 1-55 风力发电机组机舱内各部件示意

二、风轮

风轮系统是在风力机能量转换过程中，直接吸收风能并将风能转换为机械能的系统，它由桨叶、轮毂以及变桨系统组成。

（一）桨叶

桨叶采用玻璃钢复合材料制成，表面有防护层，具有较强的抗低温和抗沙尘性能，其迎风缘也做了防磨损处理。桨叶除了能支撑本身重量及抵抗一定的拉伸、弯曲变形破坏外，更重要的是要能最大限度地吸收风能，每片桨叶往往包含有多个翼型，它们是通过空气动力学研究结果来设计的，能保证风能吸收效率并兼顾减小机组载荷。

为了更好地保护机组免遭雷电破坏，桨叶顶端装有接闪器，闪电电流可经由预埋在叶片内部的避雷线流向钢管塔。叶片内设有放电机构,并有可靠的防雷接地措施,符合 IEC 61400-24《风力发电机组防雷击保护》要求。

(二) 轮毂

轮毂(见图 1-56)是支撑桨叶、连接主轴的重要零件,它是按带有星形和球形相结合的铸造结构来设计、生产的。这种轮毂的结构实现了负荷的最佳分配,同时具有结构紧凑、重量轻的优点。轮毂的材料采用高等级球墨铸铁,它具有优良的机械性能和可延展性,特别是抗低温性能。

(1) 轮毂主要参数及技术要求如下:

1) 材料:QT350-22AL;

2) 涂层:HEMPEL 油漆;

3) 轮毂采用整体、树脂砂模铸造,加工面饱满,非加工面光滑圆顺。

(2) 轮毂的铸造、质量控制和评定、加工制造等严格执行以下标准:

1) JB/JQ 82001—1990:铸件质量分等通则;

2) JB/T 7528—1994:产品质量按铸件质量评定方法;

3) GB 6414—8619CT10:轮毂铸件尺寸公差;

4) GB/T 11351—1989:轮毂重量公差按 MT9 级控制;

5) GB/T 11350—1989 CT10MA/H:轮毂加工余量;

6) GB 6060.1—1985:轮毂表面粗糙度评定。

铸造轮毂的材料为符合 EN 1563 标准的 QT350-22AL,经过符合 DIN EN 10204-3.1 标准的材料测试。轮毂的所有外部防腐符合现行的铸造规范,表面采用电喷镀或涂漆处理。

图 1-56 轮毂

（三）变桨系统

风力机在启动过程中，采用变桨控制技术可实现快速无冲击并网。在超过额定风速段运行时，若不进行相应的控制，则会导致功率飙升，从而对机组造成不良影响，变桨系统可以通过顺桨的方式使风力机功率限制在额定功率附近，且能使风力机处于更优的受力状态，减小冲击载荷。WD70/77/82-1500 机组的桨叶和轮毂通过变桨系统连接，变桨传动设备及其控制装置集成在轮毂之中，变桨系统中还安装了一套具有世界先进水平的自动润滑装置，用来提供变桨轴承的润滑，保证变桨可靠，运行平稳。

变桨的另外一个作用是制动。需要制动时，桨叶完全顺桨，不再产生强大的驱动风轮旋转的气动力。WD70/77/82-1500 则采用三个叶片独立变桨方式运行，即使有两片桨叶变桨机构失效，剩下的变桨机构也能使风力机降到安全转速范围内。变桨系统中也采用了后备电池，即使电网失电，仍能顺利驱动变桨实现制动。

变桨系统包括变桨轴承、变桨齿轮箱、变桨控制系统、自动润滑系统，其主要参数如下：

(1) 工作温度：$-30℃ \sim +40℃$；
(2) 驱动类型：串励直流发电机+行星减速齿轮箱；
(3) 发电机功率：5.3 kW；
(4) 最大变桨速度：$10°/s$。

三、机舱

（一）机舱座

机舱座主要用于安装布置各类部件，其是一个支撑平台。机舱内的机舱座（机架）采用钢结构焊接而成，表面有防腐蚀保护，面漆呈白色，设计寿命为20年。

其基本参数如下：

(1) 长×宽×高：7 050 mm×3 415 mm×1 345 mm；
(2) 材料：Q345E；
(3) 重量：13 385 kg；

当然也可以设计成铸件机舱座。

（二）传动系统

传动系统是风力发电机组很重要的部件，其功能是传递机械能，并最终将机械能转换成电能，其主要由主轴及其支承、齿轮箱、联轴器和发电机等部件组成。

1. 主轴

在风力发电机组中,主轴(见图1-57)承担了支承轮毂处传递过来的各种负载的作用,并将扭矩传递给增速齿轮箱,将轴向推力、气动弯矩传递给机舱、塔架。主轴的一端与轮毂连接,另一端通过收缩胀套与齿轮箱连接。

图1-57 主轴

主轴参数如下:
(1) 材料:锻件42CrMoA;
(2) 屈服强度:σ_s,530 MPa;
(3) 抗拉强度:σ_b,750~950 MPa;
(4) V形缺口低温冲击功(-20℃):$AK_v \geqslant 32$ J;
(5) 涂料:HEMPEL 油漆(配合表面以外的全部外露表面均涂防护漆)。

2. 齿轮箱

风力发电机组中齿轮箱(见图1-58)的主要功能是将风轮产生的转矩传递给发电机并使其得到相应的并网转速。风轮的转速很低,远达不到发电机发电的要求,必须通过齿轮箱齿轮副的增速作用来实现。WD70/77/82-1500风力发电机组齿轮箱采用一级行星齿轮和两级平行齿增速。主轴和齿轮箱之间用收缩胀套连接。由于机组受无规律的变向、变载荷的风力作用以及强阵风的冲击，齿轮箱被安装在塔顶的狭小空间内，一旦出现故障，修复非常困难，故对其可靠性和使用寿命都提出了比一般机械高得多的要求。

图 1-58 齿轮箱

(1) 齿轮箱的设计采用以下方式：

1) Solidworks 三维选型，运用 Ansys 软件对箱体进行了动、静分析；

2) 对齿轮箱里的轴承和齿轮全部采用强制润滑，防止了轴承和齿轮因润滑和冷却不够、不充分而导致损坏的现象出现；

3) 齿轮箱的密封全部采用非接触式密封，这种密封设计不需要更换，防止了密封件因磨损而导致更换的现象出现；

4) 润滑管路的接头和管子全部采用进口件，并且接头全部带有软密封，防止漏油，还全部能适应风电齿轮箱的工作环境；

5) 齿轮箱材料除了常规状态下的机械性能外，还具有低温状态下抗冷脆性、自动加热等特性；

6) 为保证齿轮箱平稳工作，防止振动和冲击，齿轮箱与机舱座采用弹性支撑连接。

(2) 齿轮箱参数如下：

1) 齿轮箱的设计寿命：至少 20 年；

2) 传动比：104 (94)；

3) 额定功率：1 660 kW；

4) 效率：>96%；

5) 额定输入转速：17.3（19）r/min；

6) 额定输出转速：1 804 r/min；

7) 工作温度：-30 ℃ ~ +50 ℃；

8) 噪声：≤85 dB（A）；

9) 旋向：顺时针（面对输入端）；

10) 重量：17.2 t；

11) 冷却方式：油冷；

3. 轴承、轴承座

轴承和轴承座（见图1-59）主要用来支撑传动系统，与齿轮箱两侧的弹性支撑一起构成三点式支撑。

图1-59 轴承座

(1) 主轴承的参数如下：

型号：240/630 ECJ/W33。

(2) 主轴承座的参数如下：

1) 材料：QT350-22AL；

2) 防腐保护：喷丸除锈，再分三层喷漆防腐。

4. 联轴器

联轴器用来将齿轮箱的动力传递给发电机，消除振动和噪声，纠正齿轮箱输出轴和发电机输入轴的同轴度误差。图1-60所示为装在风力机上的带有防护罩的联轴器。

图 1-60 联轴器及其防护罩

5. 发电机

(1) 双馈异步发电机 (见图 1-61) 的优点如下:

1) 有功、无功控制:转子通过滑环与变流器连接,通过发电机定子磁链定向矢量变换、解耦后,通过调节转子侧电磁转矩电流来调节定子侧电磁转矩,进而控制发电机定子侧的有功功率,通过控制转子侧励磁电流来调节转子磁链,进而控制发电机定子侧的无功功率。

图 1-61 双馈异步发电机示意

2) 变速运行:通过给转子励磁,使发电机在高于或低于同步转速 30% 的状态运行,在低于同步转速时,给转子励磁并提供能量,而在高于同步转速时,转子通过自感吸收多余的能量向电网输出电能,使风能利用率增高。

3) 恒频输出:风力机根据转速变化调节发电机转子电流的频率来维持恒频输出。

4)成本低:转子绕组参与有功和无功功率变换,为转差功率,容量约为全功率的30%,变流器成本相对较低。

5)电量监测:外电网电压、电流测量,除了用于监控过压、低压、过流、低流、三相不平衡外,也用于统计发电量及相序检测。

6)精准转速:发电机转速测量采用分辨率为2 048的增量型编码器,确保了精准的转速测量。

7)炭刷监控:装有一个炭刷滑环系统,它保证仅有极小的磨损,并对炭刷进行监控。

8)防潮加热:为避免由于潮湿而对发电机造成损害,安装有加热线圈。

9)温度保护:在发电机内装有传感器,进行温度监控,对绕组和轴承进行保护。

10)空气冷却。

(2)双馈异步发电机技术参数见表1-4。

表1-4 双馈异步发电机技术参数

额定功率/kW	1 500
极数	4
额定电压/V	690
额定电流/A	1 070
额定转速/(r·min^{-1})	1 800
功率因数	$\cos\varphi$ 从电感型0.95到电容型0.95
频率/Hz	50
相数	3
冷却方式	空气冷却
定子绕组	三角形
转子绕组	星形
防护等级	IP54
绝缘等级	H级(温升按照F级考核),绕组温升≤105 K
旋转方向	从轴伸端看,顺时针旋转
允许振动值	≤1.8 mm/s
防腐要求	防盐雾、海水浸蚀涂层设计
重量	≤7 400 kg
发电机工作环境温度	-30℃ ~ +40℃

(三) 偏航系统

WD70/77/82-1500 采用主动偏航系统（见图 1-62），主要由 4 个偏航电动机、1 个偏航回转支承和 6 个制动器组成。偏航系统安装在机舱座的底板上。它的功能是用以克服机组的调向阻力矩，确保机组在任何工况下运行时都能正对风向，以利于风轮能最大限度地吸收风能。

图 1-62 主动偏航系统

机组正常运行时，若控制器通过风向仪的反馈判断需要偏航，则发出偏航指令，液压偏航制动夹钳减压松开制动盘，偏航电动机工作，使机舱与塔架发生相对转动，以调整风力机朝向使其与来风方向基本保持重合，然后夹钳重新加压夹住制动盘，固定风轮朝向。偏航速度为 $0.5°/s$，操作在机舱里和塔筒内的控制器，能实现人工偏航调整、自动解缆等任务（见图 1-63）。

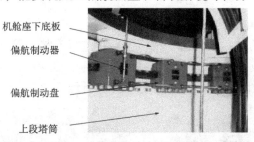

图 1-63 偏航系统工作过程

(四) 液压刹车系统

液压刹车系统在机组中的作用是控制机组的刹车状态，包括转子制动状态和偏航制动状态两部分。

液压刹车系统主要由液压泵站（见图 1-64）、管路、控制元件和执行元件 [包括高速轴制动器（见图 1-65）、偏航制动器] 及辅助元件组成，各部分均采用特殊的材料和密封元件制成,完全适应盐雾腐蚀环境。

图1-64 液压泵站

图1-65 高速轴制动器

(五)冷却/润滑系统

设备在运行的过程中,由于摩擦做功、电阻发热、屏蔽不良和电涡流等原因会导致设备发热,过高的温度会影响设备正常运行,冷却润滑系统(见图1-66)可有效降低温度,使设备长时间运行。

图1-66 齿轮箱、发电机空冷装置

发电机采用空冷的方式，从外界吸入冷空气与发电机散热片进行热交换，并将热空气排出舱外。

图1-67 齿轮箱润滑油泵（一）

齿轮箱采用油液喷射方式冷却各部件，并将油液通过散热器与机舱内的空气进行热交换，散热器将交换后的热空气排出舱外。良好的润滑可有效降低零件间的摩擦，延长零件运行寿命，WD70/77/82-1500不同的部位采用了不同的润滑方式。

（1）齿轮箱采用液体润滑方式，其包括飞溅润滑和喷油润滑，它由油泵（见图1-67、图1-68）、油管、各种接头阀体等组成。运行时，齿轮油泵把齿轮箱内的润滑油通过高精度过滤器过滤后再泵送到各喷油油管中，对各个润滑点进行喷油润滑，同时高速旋转的齿轮带动油液飞溅，这也起润滑作用。

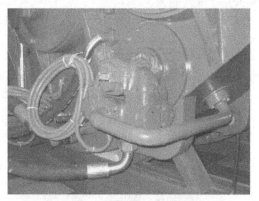

图1-68 齿轮箱润滑油泵（二）

（2）变桨轴承、主轴轴承、发电机轴承均采用半固体集中自润滑方式（见图1-69）。

1）变桨轴承润滑采用集中自润滑系统，它由1个润滑油泵、1个主分配器、3个二级分配器和3个润滑小齿轮组成。集成控制器可以自动控制润滑周期，它可以被预先调节监测油位。当泵工作时，润滑油被输送进主分配器，在主分配器里润滑油以合适的比例被分配到二级分配器，然后二级分配器把润滑油以合适的比例供应到润滑点。

系统由一个带回油装置的安全阀保护。

2）主轴轴承润滑系统由1个集中润滑油泵和1个主分配器组成，工作原理和变桨自润滑相似。

图 1-69 集中润滑系统

3）发电机润滑采用的润滑方式与主轴轴承润滑方式类似。

（3）偏航轴承采用半固体润滑方式。

由于偏航动作发生的频率较低，无须采用集中自润滑系统，故采用手动定期加注润滑油脂的方式进行润滑。

四、塔架

塔架的作用是将风轮及整个传动链支撑在离地 65 m 或 80 m 的高度，以使风轮能捕获更多的能量（见图 1-70）。

图 1-70 塔架的作用

其基本参数如下：
(1) 类型：锥形钢管塔；
(2) 段数：3；
(3) 上、下端直径：2.56 m、4 m (65 m)；
(4) 塔高：63 m；
(5) 轮毂中心高：65 m 或 80 m；
(6) 材料：Q345；
(7) 重量：99 320 kg；
(8) 符合标准：GB 1591—1994。

各分段塔筒由高约 2.5 m 的环板焊接而成，通过法兰螺栓连接成整体，顶部与安装在机舱座底部的回转支承连接，底部与基础塔筒的上法兰连接，表面有防腐蚀保护，面漆呈白色，寿命为 20 年。

塔架内部有爬梯（见图 1-71），带有安全导轨以供工作人员上下，通过它可到达各连接法兰下方的平台以及机舱，还可以选配助力器，使人员上下更加轻松。控制电缆与避雷系统也依附在塔架上，以保持高处机舱与地面之间的联系。其他还配备有提升工具等物件用的电动提升机。

图 1-71 爬梯

五、基础

如同建筑的基础，风力发电机组基础的主体也是埋在地面以下的，由钢筋和混凝土组成，其中嵌入了基础段，基础段露出混凝土上表面约 600 mm，焊有法兰，用以与下段塔筒进行连接（见图 1-72）。

风力发电机通过自重及基础的重量和几何尺寸，平衡运行中风力产生的倾覆力矩，保持机体能够稳固竖立，所以基础的尺寸与重量设计主要是由风力发电机组受到的载荷来决定的，受到的载荷值越大，则尺寸与重量也会相应增大。

图 1-72 基础与下段塔筒连接

其基本参数（二类风区 WD77/1500 标准基础图）如下：
(1) 类型：嵌入锥形板层的桩塔；
(2) 尺寸：14 800 mm×14 800 mm×2 500 mm；
(3) 材料：钢筋、混凝土、Q345（基础塔筒）。

六、变频器

（一）系统描述

ACS800-67 变频器是专为功率为 1.5 MW 的双馈式风力发电机而设计的。这种变频器可以控制风力发电机组的功率因数，从容性 0.95 到 1.0 再到感性 0.95。图 1-73 所示表明了这种变频器的典型应用，虚线内的内容是并网柜和 ACS800-67 变频器柜，这两个控制柜布置在塔基处。

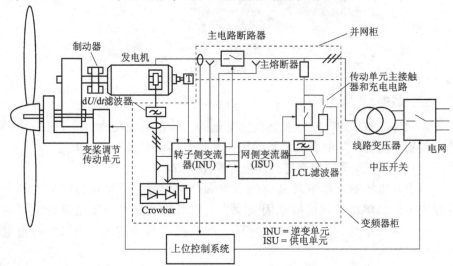

图 1-73 ACS800-67 变频器的典型应用

变频器能够实现以下功能：
(1) 通过控制转子对发电机激磁；
(2) 在指定的速度范围内将发电机与电网同步；
(3) 并网或脱网操作；
(4) 产生所需要的转矩/功率；
(5) 产生所需要的无功功率；
(6) 通过撬棒，在电网故障时，能提供对变频器的保护。

(二) 电气结构

1. 变流器

ACS800-67 变流器是空气冷却式的。

变流器柜体由 IGBT 变流器模块、转子侧变流器、网侧滤波器、网侧变流器和控制部分组成。

2. 并网柜

发电机的功率部分（定子并网开关）以及网侧变流器的输入熔断器位于并网柜体内。

并网柜的基本内容包括：进线或出线母排、定子断路器、辅助电源变压器、定子电流互感器、总电流互感器和变频器输入熔断器。

(三) 机械结构

1. 外形尺寸

ACS800-67 变频器柜的尺寸为 1 300 mm×1 800 mm×600 mm（宽×高×深）；并网柜的尺寸为 1 200 mm×1 800 mm×600 mm（宽×高×深）。

2. 柜体布局

并网柜 ACS800-67 变频器柜（见图 1-74）是按照风力发电的特点特殊设计的，柜体适合于安装在塔基处。

图 1-74 ACS800-67 变频器柜示意

3. 进线方式

主电缆连接在柜体底部,采取底进底出的方式。

(四) 主要特性

1. 转子侧变流器的主要参数

转子侧变流器的主要参数见表1-5。

表1-5 转子侧变流器的主要参数

额定容量/kVA	770
连续输出电流(最高温度40℃)/A	645
最大输出电流/A	965(启动时最长允许10 s,其他情况持续时间取决于温度)
降容输出电流(环境温度为50℃时)/A	580
最大可控制的转子电压/V	750
IGBT电压/V	1 700
额定连续直流电压/V	975
最大连续操作直流电压/V	1 100

2. 网侧变流器的主要参数。

网侧变流器的主要参数见表1-6。

表1-6 网侧变流器的主要参数

额定容量/kVA	480
连续交流电流(最高温度40℃)/A	400
最大直流电流/A	726(启动时最长允许10 s,其他情况持续时间取决于温度)
降容输出电流(环境温度为50℃时)/A	360
IGBT电压/V	1 700
额定连续直流电压/V	975

3. 输入电源连接

输入电源电压为 525 ~ 690 V；频率为 47.5 ~ 63 Hz；最大变化率为 17%/s。

4. 效率

变频器在额定功率下效率约为 0.98。

5. 电压变化率

变频器输出电压变化率最大值大约为 1 000 V/ms，绝对峰值电压为 1 800 V。

6. 防护等级

防护等级为 IP54。

7. 环境温度

运行温度为 -30℃ ~ +50℃，此温度为柜外温度。从 -30℃ 加热到运行温度的时间小于 2 h。存储温度为 -40℃ ~ +70℃。

8. 短路分断能力

不小于 30 kA。

9. 辅助电源供应

变频器控制和加热所需的单相 230 V 的辅助电源供应通过变频器自身内部的变压器可得到。

10. 系统输入/输出（I/O）

系统的 I/O 用于控制发电机所有的测量信息。系统可以通过多种现场总线接口与上位系统通信，实现风力机组所必需的、快速的、精确的转矩或功率控制。通信适配器与变频器之间是通过光纤连接的。

11. 现场控制，远程操作

变频器的现场控制是通过现场总线的方式进行的。ABB 变频器可以很方便地连接到所有主流的自动化系统中。

12. 无功功率

无功功率的给定由外部控制给出。设计者可以先定义一个无功功率给定值，变频器会自动将它加到最终给定值中。

七、控制系统

1.5 MW 发电机、机舱控制柜、塔基控制柜、变桨系统及变流器控制关系如图 1-75 所示。

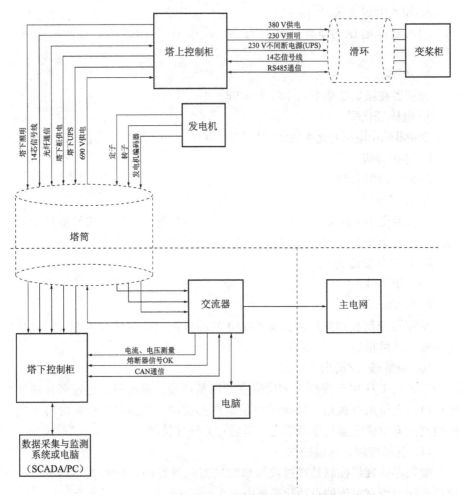

图 1-75　1.5 MW 发电机、机舱控制柜、塔基控制柜、
变桨系统及变流器控制关系

Mita（丹麦 MITA 公司制造）控制的处理模块及其输入或输出模块从风力机接收不同的信号，计算出最佳控制策略，并向执行器（变流器、变桨系统、电动机、电磁阀、继电器……）发出相应的指令，使风力机安全运转并获得最大的能量。外电网经变流器给机舱柜供 690 V 的交流电，机舱柜通过滑环给变桨系统供电，经由塔筒给塔下柜供电（见图 1-76）。

整个控制器的核心 WP4000 位于塔下控制柜内，机舱采集传感器将信号输入到塔上 WP351 模块中，再由塔上 WP110 通信模块将其转为光纤通信后，经塔筒到达塔下控制柜 WP110 通信模块中，再经 WP4000 处理后，由光纤通信返回给机舱 WP351 模块，进而控制各传感器执行元器件的输出。

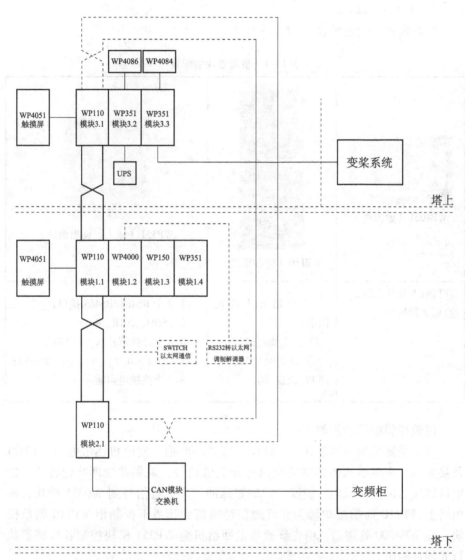

图1-76 机舱柜、塔基柜、变桨系统、变流器通信

机舱柜与塔下柜为光纤通信,机舱柜跟变桨系统、UPS、WP4084为RS485串行通信。塔下柜模块WP110 2.1将光纤信号转为以太网信号,CAN模块将以太网信号转为CAN信号,并与变流器的CAN通信,风电场风力机间光纤通信通过以太网转光纤交换机实现风电场的环网通信,而远程监控为以太网通信。

（一）机舱控制柜

机舱模块的配置见表 1-7。

表 1-7 机舱模块的配置

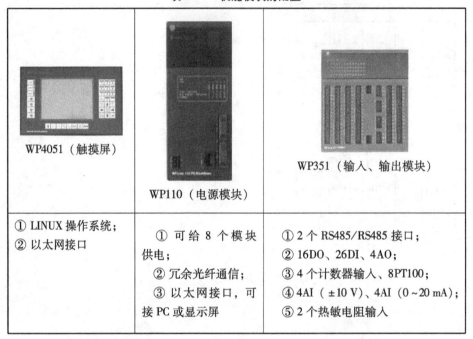

WP4051（触摸屏）	WP110（电源模块）	WP351（输入、输出模块）
① LINUX 操作系统； ② 以太网接口	① 可给 8 个模块供电； ② 冗余光纤通信； ③ 以太网接口，可接 PC 或显示屏	① 2 个 RS485/RS485 接口； ② 16DO、26DI、4AO； ③ 4 个计数器输入、8PT100； ④ 4AI（±10 V）、4AI（0~20 mA）； ⑤ 2 个热敏电阻输入

机舱控制柜的功能如下：

（1）采集机舱内振动开关、油位、压差、磨损、发电机热敏电阻（PTC）及接触器、中继器和传感器的反馈等开关量信号；采集并处理叶轮转速、发电机转速、风速、风向、温度、振动等脉冲、模拟量信号到 WP351 模块，再由塔上 WP110 通信模块转为光纤通信经塔筒到达塔下控制柜 WP110 通信模块，经 WP4000 处理后，由光纤通信返回给机舱 WP351 模块控制各传感器执行元器件输出。

（2）通过接收变桨系统温度和顺桨反馈，发送 EFC（紧急顺桨命令）和 Bypass（复位）信号控制变桨的紧急顺桨和复位。通过变桨系统 RS485 通信，控制桨距角变化，实现最大风能捕获和功率控制。

（二）塔基控制柜

塔基控制柜的配置见表 1-8。

表1-8 塔基控制柜的配置

WP4051（触摸屏）	WP110（电源模块）	WP4000（CPU模块）	WP150（电量测量模块）	WP351（输入、输出模块）
① LINUX操作系统； ② 以太网接口	① 可给8个模块供电； ② 冗余光纤通信； ③ 以太网接口，可接PC或显示屏	① 存储、处理数据； ② 2个串口、1个以太网接口； ③ 编程环境C、IEC61131-3	① 实时DSP电量测量模块； ② 电网监控、发电机保护； ③ 测量3相电压、3相电流、功率、功率因素、无功功率	① 2个RS485接口； ② 16DO、26DI、4AO； ③ 4个计数器输入、8PT100； ④ 4AI(±10V)、4AI(0~20mA)； ⑤ 2个热敏电阻输入

塔基控制柜的功能如下：

（1）控制器的处理模块位于塔基，主要完成数据采集及输入、输出信号处理；逻辑功能判定；对外围执行机构发出控制指令；与机舱柜光纤通信，接收机舱信号，返回控制信号；与变流器CAN通信，控制转子电流实现有功、无功功率调节，使风力机变速恒频运行；与中央监控系统通信，传递信息。

（2）对变频器、变桨系统、液压系统状况、偏航系统状况、润滑系统状况、齿轮箱状况及机组关键设备的温度及环境温度等做监控；对变流器和变桨系统进行耦合控制，实现机组变速恒频运行、有功和无功功率调节、功率控制、高速轴紧急刹车、偏航自动对风、自动解缆、发电机和主轴的自动润滑及主要部件的除湿、加热和散热器的开停。

（3）对定子侧和转子侧的电压、电流测量，除了用于监控过压、低压、过流、低流和三相不平衡外，也用于统计发电量及并网前后的相序检测。发电机定子和外电网直接连接，转子通过滑环与变频器连接，通过塔基柜和变流器的CAN通信，对转子电流的幅值、频率、相位控制使风力机运行在变速恒频状态下，实现有功、无功功率的调节。

(4) 通过和机舱相连的 14 芯信号线，实现系统安全停机、紧急停机及安全链复位的功能。

(三) 风力机运行过程

风力机运行过程如下：

(1) 停机：风力机停机时，叶片在 90°顺桨位置，避免承受风载。

(2) 待机：当风速提高时，风力机准备开始发电，叶片转动一定角度（大风、小风方法不同）以吸收最多的风能，转子的转速以及发电机的转速也逐步增加。

(3) 并网：当发电机的转速达到 1 030 r/min 时，风力机并网发电；随着风速的增加，发电机的转速也增加；风力机将转子角速度调整到相应的转速，并使叶片保持 0°桨距角。

(4) 额定速度：当发电机达到额定速度时，功率控制设备通过增加转子扭矩使发电机的输出功率增加（捕获最大风能利用率），直到发电机的输出功率达到 1 500 kW 额定值。

(5) 额定功率：一旦发电机达到额定功率，为保持发电机为额定速度和额定功率，变桨系统会不断调节叶片角度。

(6) 大风停机：风速到达切出风速时，此时将叶片桨距角调节至 90°，并执行停机程序。

(四) 刹车过程

风力机关机等级与刹车过程的关系见表 1-9。

表 1-9　风力机关机等级与刹车过程的关系

关机等级	刹车过程
正常关机	转矩先以 330 N·m/s 的速度下降，等发电机速度降到同步转速以下，且功率降到 10 kW 以下时，发电机切出
快速关机	三个桨叶以 10°/s 的速度顺桨，等发电机功率降到 10 kW 以下时，发电机切出
电网失电关机	三个桨叶以 10°/s 的速度顺桨，发电机的切出动作由电网故障或其他电气故障决定
变桨电池关机	变距系统用电池组驱动三个桨叶快速顺桨，等发电机功率降到 10 kW 以下时，发电机切出
急停关机	变距系统用电池组驱动三个桨叶快速顺桨，发电机立即切出。若此时"EMERGENCY STOP"按钮被按下，则延时 12 s 后，高速轴刹车动作

项目二

风力发电机组运行

任务一　风力发电机组调试与验收

任务要求

1. 熟悉风力发电机组调试的内容，掌握调试报告的编写；
2. 了解风力发电机组试运行和验收的条件，掌握其内容。

知识学习

一、风力发电机组调试

（一）调试项目

按风力发电机组生产厂安装及调试手册规定，调试项目通常包含以下几方面：

（1）检查主回路相序、空气开关整定值和接地情况；

（2）检查控制柜功能，检查各传感器、电缆解缆功能及液压、润滑等各电动机的启动状况；

（3）调整液压至规定值；

（4）启动主发电机；

（5）叶尖排气；

（6）检查润滑；

（7）调整盘式刹车间隙；

（8）设定控制参数；

（9）安全链测试。

（二）调试报告

按风力发电机组生产厂安装及调试手册要求编写。

通常调试报告为固定项目格式的报告，采用"√"与"×"符号记录调试的结果状况，合格者用"√"符号标记，反之则用"×"标记。一些状态数据（如温度）也可按实际数据记录。当某一调试项目一直不合格时，应停机，进行分析、判断，并采取相应措施（如更换不合格元器件等），直至调试合格。

二、风力发电机组试运行

（1）风力发电机组进行试运行的条件。

1) 风力发电机组的安装质量符合生产厂标准的要求。

2) 风力发电机组现场调试已完成，各项参数符合要求，试运转情况正常。

3) 风电场输变电设施符合正常运行要求。

4) 环境、气象条件符合安全运行要求。

5) 风力发电机组生产厂规定的其他要求均已得到满足。

6) 风电场对风力发电机组的适应性要求已得到满足。

（2）试运行时间。

按风力发电机组生产厂要求生产厂、建设单位（业主）预先商定的条件，其运行时间一般应为 500 h，最少不得低于 250 h。

（3）试运行管理一般按生产厂要求。

建设单位（业主）运行人员应规范对运行的监测工作，做好运行状态和数据的收集、整理和分析，特别是风力发电机组适应性的监测分析。发生异常情况应及时处理，发生严重异常情况（如过热、振动噪声异常等）时应果断停机，待排除影响因素后方可重新开机运行。所有异常情况均应及时通报生产厂，加强与生产厂的信息沟通和交流。试运行结束后，应按生产厂手册要求填写试运行记录或备忘录，并由建设单位（业主）与生产厂双方有关人员签字后归入机组技术档案。

三、风力发电机组验收

（一）验收应具备的条件

风力发电机组验收应具备的条件如下：

（1）风力发电机组已通过试运行，经分析评估，验收条件符合要求，生产厂和建设单位（业主）双方已签署试运行记录或备忘录。

（2）再次确认风力发电机组基础施工质量合格。

（3）再次确认风力发电机组塔架制造质量合格。

（4）再次确认风力发电机组安装质量合格。

（5）再次确认风力发电机组调试基本符合要求。

(6) 确认风力发电机组产品质量基本符合合同条件要求，适应性能基本满足建设单位（业主）与生产厂议定的要求。

(二) 风力发电机组验收

1. 编制风力发电机组性能质量评估报告

报告主要内容如下：

(1) 风力发电机组基础施工、塔架制造质量合格再确认意见书。

(2) 风力发电机组安装质量、调试结果评价意见。

(3) 风力发电机组试运行备忘录结论。

(4) 专项测试、复查结果（详见下段文字）。

(5) 风力发电机组质量评估意见。

2. 提供专项测试、复查记录及评估意见

其主要内容如下：

(1) 主要部件运转情况正常，无异常振动、噪声，无渗漏现象。

(2) 接地电阻符合要求，单台接地电阻值不大于 4 Ω。

(3) 安全和功能符合要求，具体如下：

1) 安全系统和人员安全。

2) 控制功能包括：启动、停车、发电稳定、偏航稳定、解缆、转速、功率因数调节、正常刹车、紧急刹车等项。

3) 监测功能包括：风速、风向、发电机转速、电参数、温度、制动和其他零部件状态及故障、电网失电等项。

(4) 机组电能品质符合要求，包括电压和电流变化、电压闪变、冲击电流、谐波等项。

(5) 振动与噪声不超标。

(6) 电磁干扰不超标。

(7) 所有螺栓连接的紧固力矩符合要求。

(8) 防腐处理未见异常。

(9) 其他（如适合性的观测评价意见等）。

3. 验收结论意见

根据现场观测和对上述记录的整理、分析、研究以及与合同条款的对比，做出是否合格的结论，并对发生与发现的问题提出建议和改进意见。

4. 验收意见和报告

所有的意见和报告应归档保存，以备风电场项目竣工验收需要，并作为该风力发电机组技术档案的正式资料备查。

实施建议

1. 建议整个任务按照资讯、决策、计划、实施、检查、评估六步法开展教学。
2. 建议在教学过程中突出以学生为主体，通过模拟仿真的形式组织教学。
3. 建议到风电场现场和仿真实训室完成教学。

任务二　风力发电机组运行

任务要求

1. 了解风电场运行工作的内容和方式；
2. 掌握风力发电机组运行技术。

知识学习

随着风电场装机容量的逐渐增大以及在电力网架中的比例不断升高，对大型风电场的科学运行、维护管理逐步成为一个新的课题。风电场运行维护管理工作的主要任务是：通过科学的运行维护管理来提高风力发电机组设备的可利用率及供电的可靠性，从而保证风电场输出的电能质量符合国家电能质量的有关标准。

一、风电场运行工作

（一）风电场运行工作的主要内容

风电场运行工作的主要内容包括两个部分：风力发电机组的运行，场区升压变电站及相关输变电设施的运行。工作中应按照 DL/T 666—1999《风力发电场运行规程》的标准执行。

1. 风力发电机组的运行

风力发电机组的日常运行工作主要包括：通过中控室的监控计算机，监视风力发电机组的各项参数变化及运行状态，并按规定认真填写"风电场运行日志"。当发现异常变化趋势时，通过监控程序的单机监控模式对该机组的运行状态连续监视，根据实际情况采取相应的处理措施。遇到常规故障，应及时通知维护人员，根据当时的气象条件检查处理，并在"风电场运行日志"上做好相应的故障处理记录及质量记录；对于非常规故障，应及时通知相关部门，并积极配合处理解决。

风电场应当建立定期巡视制度，运行人员对监控风电场安全稳定运行负直接责任，应按要求定期到现场通过目视观察等直观方法对风力发电机组的运行状况进行巡视检查。[注意：所有外出工作（包括巡检、启停风力发电机组、故障检查处理等）出于安全考虑均需两人或两人以上同行。]检查工作主要包括：风力发电机组在运行中有无异常声响、叶片运行的状态、偏航系统动作是否正常、塔架外表有无油迹污染等。巡检过程中要根据设备近期的实际情况有针对性地重点检查故障处理后重新投运的机组；重点检查启停频繁的机组；重点检查负荷重、温度偏高的机组；重点检查带"病"运行的机组；重点检查新投入运行的机组。若发现故障隐患，则应及时报告处理，查明原因，从而避免事故发生，减少经济损失。同时在"风电场运行日志"上做好相应巡视检查记录。

当天气情况变化异常（如风速较高，天气恶劣等）时，若机组发生非正常运行，巡视检查的内容及次数由值班长根据当时的情况分析确定。当天气条件不适宜户外巡视时，则应在中央监控室内加强对机组运行状况的监控。通过温度、出力、转速等主要参数的对比，确定应对的措施。

2. 输变电设施的运行

由于风电场对环境条件的特殊要求，一般情况下，电场周围自然环境都较为恶劣，地理位置往往比较偏僻。这就要求输变电设施在设计时应充分考虑到高温、严寒、高风速、沙尘暴、盐雾、雨雪、冰冻和雷电等恶劣气象条件对输变电设施的影响。所选设备在满足电力行业有关标准的前提下，应当针对风力发电的特点力求做到性能可靠、结构简单、维护方便、操作便捷。同时，还应当解决好消防和通信问题，以便提高风电场运行的安全性。

由于风电场的输变电设施地理位置分布相对比较分散，设备负荷变化较大，规律性不强，并且设备高负荷运行时往往气象条件比较恶劣，这就要求运行人员在日常的运行工作中应加强巡视检查的力度。在巡视时应配备相应的检测、防护和照明设备，以保证工作的正常进行。

（二）风电场运行工作的主要方式

随着风电场的不断完善和发展，各风电场运行方式也不尽相同。工作中采用的主要形式有：风电场业主自行维护和专业运行公司承包运行维护。

1. 风电场业主自行维护

风电场业主自行维护是指业主自己拥有一支具有过硬专业知识和丰富管理经验的运行维护队伍，同时还需配备风力发电机组运行维护所必需的工具及装备。作为业主，初期一次性投资较大，而且还必须拥有一定的人员技术储备和比较完善的运行维护前期培训,准备周期较长。因此,这种维护方式对一些新建的中、小容量电场来说,不论在人员配备还是在工程投资方面都不一定很合适。目前国内的几家建场历史较长、风力发电机组装机容量较大的电场多采用此种运行方式。

2. 专业运行公司运行维护

随着国内风电产业的不断发展,风电场的建设投资规模越来越大,一些专业投资公司也开始更多地涉足风电产业。这样就出现了风电场的业主不一定熟悉风力发电机组的运行维护方式或是只愿意参与电场的运营管理而不希望进行具体运行维护工作的情况,于是业主便将风电场的运行维护工作部分或全部委托给专业运行公司负责。目前,这种运行方式在国内还处于起步阶段,公司的规模有待进一步发展壮大,管理模式有待进一步规范。

由于影响风电场生产指标的因素较多,作为业主应当结合电场的实际状况,合理量化运行管理的工作内容,制定出明确、客观的承包经营考核指标,用于检查、考核合同的完成情况。

此外,国外的一些风力发电机组制造商也都设有专门的售后服务部门,为风电场业主提供相应的售后技术服务。由于地域原因,国外一些厂家在完成质保期内的服务工作后,很难保证继续提供快捷、周到的技术服务或是服务费用较高,风电场业主不能承受。随着国内风力发电机组制造商的增多,服务时效和费用的问题已得到了较好的解决,并且一些国内厂家已初步具备了为业主提供长期技术服务的能力,这种运行模式在今后也会有一定的发展空间。

二、风电场机组运行

(一) 风力发电机组的启动与并网

1. 自动启动与并网

当风力发电机组加电之后,控制系统自检,然后再判断机组各部位状态是否正常(如果一切正常,机组就可以启动运行),在风力发电机组正常运行之前应有如下的状态:

(1) 启动状态。

刹车打开,风力发电机组处于允许运行发电状态,发电机可以并网(变桨距处于最佳桨距角),自动偏航投入,冷却系统、液压系统自动运行,此时叶片处于自由旋转状态,如果风速较低不足以使风力发电机启动到发电状态,风力发电机组将一直保持自由空转状态。如果风速超过切入(并网发电)风速,风力发电机组将在风的作用下逐渐加速达到同步转速,并在软并网的控制下,风力发电机组平稳地并入电网,运行发电。如果较长时间风力发电机组处于负功率状态，则控制器将操作使发电机与电网解列。

（2）暂停（手动）状态。

这种状态是使风力发电机组处于一种非自动状态的模式，主要用于对风力发电机组实施手动操作或进行试验，也可以手动操作机组启动（如电动方式启动），常用于维护检修中。

（3）停机状态。

其也称为正常停机或手动停机状态，此时发电机已解列，偏航系统不再动作，刹车仍保持打开状态（变桨距顺桨），液压压力正常。

（4）紧急停机状态。

安全链动作或人工按动紧急停机铵钮，所有操作都不再起作用，直至将紧急停机按钮复位。

2. 电动启动并网

电动启动并网是指机组从电网吸收电能将异步发电机作为电动机模式启动，当达到同步转速后由电动机状态变成发电机状态。实际运行中，当发电机变极时，发电机将解列并加速（作为电动状态）达到高转速时再并网。

（二）风力发电机组的运行

风力发电机组的控制系统是采用工业微处理器进行控制的，一般都由多个 CPU 并列运行，其自身的抗干扰能力强，并且通过通信线路与计算机相连，可进行远程控制，大大降低了运行的工作量。所以风力机的运行工作就是进行远程故障排除、运行数据统计分析及故障原因分析。

1. 远程故障排除

风力机的大部分故障都可以进行远程复位控制和自动复位控制。风力机的运行和电网质量好坏是息息相关的，为了进行双向保护，风力机设置了多重保护故障，如电网电压高、低，电网频率高、低等，这些故障是可自动复位的。由于风能具有不可控制性，所以过风速的极限值也可自动复位。还有温度的限定值也可自动复位，如发电机温度高，齿轮箱温度高、低，环境温度低等。风力机的过负荷故障也是可自动复位的。除了自动复位的故障以外，其他可远程复位控制故障引起的原因有以下几种：

（1）风力机控制器误报故障；

（2）各检测传感器误动作；

（3）控制器认为风力机运行不可靠。

2. 运行数据统计、分析

对风电场设备在运行中发生的情况进行详细的统计、分析是风电场管理的一项重要内容。通过运行数据的统计、分析，可对运行维护工作进行量化考核，也可对风电场的设计、风资源的评估、设备选型提供有效的理论依据。

每个月的发电量统计报表是运行工作的重要内容之一，其真实可靠性直接和经济效益挂钩。其主要内容有：风力机的月发电量、场用电量及风力机的设备正常工作时间、故障时间、标准利用小时、电网停电、故障时间等。

风力机的功率曲线数据统计与分析，可对风力机在提高出力和风能利用率上提供实践依据。例如，在对国产化风力机的功率曲线分析后，对后三台风力机的安装角进行了调节，降低了高风速区的出力，提高了低风速区的风能利用率，减少了过载和发电机温度过高的故障，提高了设备的可利用率。通过对风况数据的统计和分析，掌握各型风力机随季节变化的出力规律，并以此可制订合理的定期维护工作时间表，以减少风资源的浪费。

3. 故障原因分析

通过对风力机各种故障深入的分析，可以减少排除故障的时间或防止多发性故障的发生次数，减少停机时间，提高设备完好率和可利用率。如对 1 500 kW 风力机偏航电动机过负荷这一故障的分析得知有多种原因可导致该故障的发生，首先在机械上有电动机输出轴及键块磨损导致过负荷，偏航滑靴间隙的变化引起过负荷，偏航大齿盘断齿导致偏航电动机过负荷。其次在电气上引起过负荷的原因有软偏模块损坏、软偏触发板损坏、偏航接触器损坏和偏航电磁刹车工作不正常等。

4. 故障分类

（1）按主要结构来分类。

1）电控类故障。

电控类故障指的是电控系统出现的故障，主要指传感器、继电器、断路器、电源、控制回路上出现的故障等。

2）机械类故障。

机械类故障指的是在机械传动系统、发电机、叶片等上出现的故障，如机组振动、液压、偏航、主轴和刹车等故障。

3）通信远传系统故障。

其指的是从机组控制系统到主控室之间的通信数据传输和主控制室中远方监视系统所出现的故障。

（2）从故障产生后所处状态来分类。

1）自启动故障（可自动复位）。

自启动故障指的是当计算机检测发现某一故障后,采取保护措施,等待一段时间后故障状态消除或恢复正常状态,控制系统将自动恢复启动运行。

2)不可自启动故障(需人工复位)。

不可自启动故障是当故障出现后,故障无法自动消除或故障比较严重,必须等运行人员到达现场进行检修的故障。

3)报警故障。

实际上报警故障应归纳到不可自启动故障中,这种故障表明机组出现的故障比较严重,此时可通过远控系统或控制柜中的报警系统进行声、光报警,提示运行人员迅速处理。

故障信息应便于运行人员理解和查找,并指导运行人员进行故障处理,如哪些故障运行人员可以自选处理、哪些故障应通知厂家或请求其他技术人员帮助处理等。因此故障表应包括故障编号、故障名称、故障原因(源)、故障状态(如刹车、报警、90°偏航、能否自复位、故障时间等)。目前国际上各风力发电机组厂家所使用的控制系统不同,故障类型也各不相同,表2-1根据各厂家的故障表将各类风力发电机组出现的主要故障按前面的分类列出,其包括故障可能出现的原因和应检查的部位,供运行人员参考。

表2-1 风力发电机组故障分类统计一览表

故障部位	故障内容	故障现象	故障原因	保护状态	自启动
控制系统故障—传感器	风速计	风速与功率(转速)	风速仪损坏或断线	正常停机	否
	风向计	机舱方位	风向计损坏	正常停机	否
	转速传感器	当风轮静止,测量转速超过允许值或在风轮转动时,风轮转速与发电机转速不按齿轮速比变化	接近开关损坏或断线	正常停机	否
	PT100温度传感器	温度长时间不变或温度突变到正常温度以外	PT100损坏或断线	正常停机	否
	振动传感器	振动不能复位	传感器故障或断线	紧急停机	否

续表

故障部位	故障内容	故障现象	故障原因	保护状态	自启动
控制系统故障—计算机	微处理器	微处理器不能复位自检	程序、内存、CPU故障	紧急停机	否
	记录错误	记录不能进行	内部运算记录故障	记录被复位	是
	电池不足	电池电压低报警	电池使用时间过长或失效	警告	是
	时间错误	不能正确读取日期和时间	微处理器故障	警告	否
	内存错误	—	—	—	—
	参数错误	—	—	—	—
	功率曲线故障	风力发电机组输出功率与给定功率曲线的值相差太大	叶片结霜（冰）	正常停机	否
控制系统故障—电网故障	电压过高	电网电压高出设定值	电网负荷波动	正常停机	是
	电压过低	电网电压低于设定值	电网负荷波动	正常停机	是
	频率过高	电网频率高出设定值	电网波动	正常停机	是
	频率过低	电网频率低于设定值	电网波动	正常停机	是
	相序错误	电网的三相与发电机三相不对应	电网故障、连接错误	紧急停机	是
	三相电流不平衡	三相电流中的一相电流超过保护设定值	三相电流不平衡	紧急停机	是
	电网冲击	电网电压电流在0.1 s内发生突变	电网故障	紧急停机	是
控制系统故障—电源	主断路器切除	主断路器断开	内部短路	紧急停机	否
	24 V电源	控制回路断电	变压器损坏或断线	紧急停机	否
	UPS电源	当电网停电时不能工作	电池或控制回路损坏	报警	
	主接触器故障	主回路没接通	触头或线圈损坏	紧急停机	否

续表

故障部位	故障内容	故障现象	故障原因	保护状态	自启动
控制系统故障—软件网	晶闸管	主断路器跳闸，晶闸管电流超过设定值	晶闸管缺陷或损坏	紧急停机	否
	并网次数过多	并网次数超过设定值	—	正常刹车、报警	是
	并网时间过长	并网时间超过设定值	—	正常刹车	否
控制系统故障—远控	远控开、停机	远方操作风力发电机组启、停，风力发电机不动作	通信故障、软件错误	报警	—
	通信故障	远控系统不通信、不显示故障	通信系统损坏、计算机	报警	—
控制系统故障—控制器	控制器内温度过低	控制器温度低于设定允许值	加热器损坏、控制元件损坏、断线	正常停机	是
	顶箱控制器故障或人为停机	顶箱控制器发生故障或人为操作停机	正常或紧急停机	否	—
	顶箱与底箱通信故障	顶箱与底箱不通信	通信电缆损坏或通信程序损坏	紧急停机	否
机械系统故障—风轮	风轮超速	风轮转速超过设定值	转速传感器故障或未正常并网	紧急停机	否
	叶尖刹车液压系统故障	叶尖刹车不能回位或甩出	液压缸、叶尖结构故障	—	—
机械系统故障—发电机	发电机超速	发电机转速超过设定额定值	发电机损坏、电网故障、传感器故障	紧急停机	否
	发电机轴承温度过高	发电机轴承超过设定温度（如90℃）	轴承损坏、缺油	紧急停机	否
	发电机定子温度过高	发电机定子温度超过设置值（140℃）	散热器损坏、发电机损坏	正常刹车	是
	发电功率输出过高	发电功率超过设定值（如15%）	叶片安装角不对	正常刹车	否
	电动机启动时间过长	处于电动启动的时间超过允许值	刹车未打开、发电机故障	正常刹车	是

续表

故障部位	故障内容	故障现象	故障原因	保护状态	自启动
机械系统故障—齿轮箱	齿轮箱油温过高	齿轮箱油温超过允许值（如95℃）	油冷却故障、轮箱中部件损坏	正常刹车	否
机械系统故障—齿轮箱	齿轮箱油温过低	齿轮箱油温低于允许的启动油温值	气温低、长时间未运行	正常刹车	否
机械系统故障—齿轮箱	齿轮箱油滤清器故障	油流过滤清器时指示器报警	滤清器脏或失效	—	—
机械系统故障—偏航	偏航电动机热保护	在一定时间内偏航电动机的热保护继电器动作	偏航过热、损坏	正常刹车	是
机械系统故障—偏航	解缆故障	当偏航积累一定圈数后未解缆	偏航系统故障	正常刹车	是
机械系统故障—刹车	刹车故障	在停机过程中发电机转速仍保持一定值	刹车未动作	紧急刹车	否
机械系统故障—刹车	刹车片磨损（过薄）	长时间刹车片已磨薄	磨损报警	紧急刹车	否
机械系统故障—刹车	刹车时间过长	在刹车动作后一定时间内转速仍存在	刹车故障	紧急刹车	否
机械系统故障—振动	部件如叶片不平衡、发电机损坏、螺栓松动	机组振动停机	振动传感器动作	紧急停机	否
外界条件—风速	风速过高切出	风速超过切出风速	正常停机	是	—
外界条件—温度	外界温度过高	外界温度超过机组设定最高温度	—	正常停机	是
外界条件—温度	外界温度过低	外界温度低于机组设定最低温度	正常停机	是	—

实施建议

1. 建议整个任务按照资讯、决策、计划、实施、检查、评估六步法开展教学。
2. 建议在教学过程中突出以学生为主体，通过模拟仿真的形式组织教学。
3. 建议到风电场现场和仿真实训室完成教学。

实例介绍　1 500 kW 双馈式风力发电机组运行控制

本书以 1 500 kW 双馈式风力发电机组运行控制为实例进行介绍。
1. 风力机控制顺序
其控制流程如图 2-1 所示。

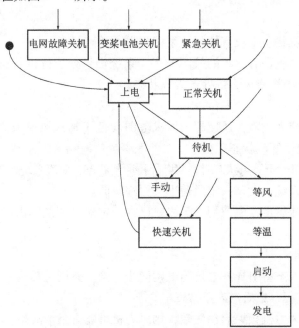

图 2-1　风力机控制流程

各步骤具体介绍如下：
（1）上电。
上电程序是一个初始化过程，其包括软件重启或各个关机程序完成之后先进入的程序。
（2）手动模式。
1）当手动模式开关（包括塔基和机舱的手动开关）被拨到手动模式，系统将先正常关机，然后进入手动程序。

2）当系统处于手动模式时，Application 中的 Crew Menu 将被使能。

3）手动模式使各个子系统手动使能，并对操作人员的手动操作做出响应。风力机一旦处于手动模式，所有自动控制都被禁止，系统将保证操作人员对风力机的安全操作。风力机也不会再发电，不会使发电机与电网同步并网。

4）人机界面提供了桨叶角度调整功能，但不允许在任何时刻有多于一片的桨叶离开顺桨位置。

5）在手动模式下，系统仍继续监视故障情况，特别是一些超出手动操作范畴的故障。

6）手动模式下发生故障时，对 Crew Menu 的操作也将被禁止。

注意：当系统安全链断开时，不能进入手动模式，此时系统会一直处于紧急停机状态直到安全链被恢复。

（3）待机。

1）在待机状态下没有故障，系统将进入游离状态。

2）若风力机仍有一定的故障发生，系统仍将处于待机状态。（注意：风速超出要求范围将使风力机处于等风状态。）

（4）等风。

1）在系统无故障，风速超出要求范围（低于切入风速或高于切出风速）时，系统将处于等风状态。

2）风力机处于等风状态时，桨叶保持顺桨状态，变流系统处于关闭状态。

3）偏航系统在大于一定风速下会跟踪风向。

4）在风速满足发电范围，且机舱已在一定的风向范围内时，风力机将进入启动状态。

（5）启动。

1）启动状态将引导发电机与电网同步并网。并网之后有一个速度增加和转矩增加的过程，最后进入正常发电。

2）如果风力机频繁启动失败，则风力机可能有某个故障。

3）风力机启动过程中的每一步都有超时保护。

2. 风力机启动

风力机启动的流程如图 2-2 所示。

风力机在风速大于 2.5 m/s 的情况下，根据风速大小，分别以大风（最小变桨角为 30°）和小风（最小变桨角为 15°）情况变桨，风轮处于加速过程，若发电机速度达到最大开环速度 515 r/min，则控制变桨最小角度调到 0°，同时监控风力机振动，若发电机速度达到并网同步转速范围（1 030 ± 21）r/min，并持续 5 s，则风力机并网。并网后，风力机有一个转速和转矩逐渐增大的过

图 2-2 风力机启动流程

程,最后进入正常发电状态。

3. 关机程序

风力机有 6 个不同的关机程序,见表 2-2。前 4 个关机程序由状态机控制,后 2 个由安全系统控制。

表 2-2 风力机关机程序

关机程序	变桨系统动作	发电机动作	偏航系统是否继续运行	高速轴刹车是否动作
Normal Shut Down	转矩设置减到 0,断开发电机;风力机转速减到 0;变桨以正常速度切换到顺桨位置		是	否
Fast Shut Down	快速顺桨	功率为 0 时,断开发电机	是	否
Grid Loss Shut Down	快速顺桨	由于电网故障,断开发电机	可能	否
Pitch Battery Shut Down	变桨电池驱动顺桨	功率为 0 时,断开发电机	是	否
Safety System Shut Down	变桨电池驱动顺桨	立即断开发电机	否	是
E-Stop Button Push Shut Down	变桨电池驱动顺桨	立即断开发电机	否	是(延时)

表 2-2 中,Normal Shut Down 关机程序仍然采取变桨变速闭环控制,而其他关机程序都是开环控制。在关机过程中,程序同时会检测变桨是否长时间没有动作,以便作出必要响应。

紧急关机程序和紧停按钮关机程序都是由安全系统触发的,控制器将保持在紧急关机状态,直到整条安全链被复位为止。

4. 大风切出

若 10 min 内平均风速超过 25 m/s,则风力机正常关机;当 10 min 内平均风速降到 18 m/s,且关机之后时间已过 600 s,风力机将自动重启。

项目三

风力发电机组维护

任务一 风力发电机组部件维护

任务要求

1. 掌握风力发电机组各主要部件的维护内容;
2. 学会风力发电机组各部件的日常检修维护。

知识学习

一、发电机维护

因感应发电机并网方法简单,并网运行稳定,调节维护方便,结构紧凑,价格便宜,所以此类发电机在风力发电机组中得到了最为广泛的应用。

(一)风力发电机的使用维护

发电机正确、准确的安装及良好的维护在很大程度上决定了发电机投入运行后性能的满意度,可以避免意外的故障和损坏,因此安装发电机前必须认真、仔细阅读发电机制造商提供的使用维护说明书。这里着重提出风力发电机使用、维护应特别注意的事项,具体如下:

(1)发电机的安装。

发电机安装前必须认真做好有关准备工作,并在此基础上确定位置,并标记,以便找出机组的中心线及基础面的标高,按发电机的外形图核对以确定电缆、电缆管道等的布置位置,核对发电机底脚孔与安装基础的尺寸、位置。准备足够的、有多种不同厚度的底脚安装调节垫片,最薄的垫片厚度应为 0.1 mm 的紫铜垫片,垫片的尺寸比发电机底脚平面的尺寸略大,调整高度方向以对准以前的位置,任一底脚面与钢基础面之间有间隙存在时,则用塞尺测量此间隙,并精确到最薄的塞尺片或误差维持在 0.05 mm 以内,记录间隙值、位置及塞片从每只底脚外边插入的深度,按以上测得的所需垫片的厚度，初步制作一套垫片，并在适当的位置插入所需的垫片。

注意：使最后轴线对准所加的垫片，且应尽可能用数量少的厚垫片而不用数量多的薄垫片，厚度为 1.5 mm 以上的多张垫片应用等厚度的单张垫片代替。当发电机对中心时，必须用百分表，特别要注意的是尽管弹性联轴器允许一定量的轴线不准度，但是即使只有千分之几毫米的失调也可能将巨大的振动引入系统之中。为了获得最长轴承寿命及最小的振动，要尽量调整轴线，使其对准机组的中心，并要核对热状态下的对准情况。经验表明，如果在小于等于300 mm直径位置处限制角度偏离不大于 0.05°，而在较大直径位置处不大于 0.10°，且限制位置偏离不大于 0.05 mm（全部指针移动幅值），则可以得到满意的效果。

(2) 电气连接及空载运转。

发电机的电力线路、控制线路、保护及接地应按规范操作。在电源线与发电机连接之前，应测量发电机绕组的绝缘电阻，以确认发电机可以投入运行，必要时可以采取干燥措施。初次启动时，一般先不把齿轮箱与发电机机械连接起来，而是把发电机当作电动机，让其空载运转 1~2 h，此时要调整好发电机的转向与相序的关系（双速发电机的两个转速的转向——相序均必须正确）。

注意：在发电机空载运行时，要检测发电机有无异声，运转是否自如，是否有什么东西碰擦，是否有意外的短路或接地；检查发电机轴承发热是否正常，发电机振动是否良好；要注意三相空载电流是否平衡，与制造厂提供的数值是否相吻合。确认发电机空载运转无异常后才能把发电机与齿轮箱机械连接起来，然后投入发电机工况运行；在发电机工况运行时，要特别注意发电机不能长时间过载以免绕组因过热而损坏。

(3) 保护镇定值。

为了保证发电机能长期、安全、可靠地运行，必须对发电机设置有关的保护，如过电压保护、过电流保护和过热保护等。过电压保护、过电流保护的镇定值，可依据保护元件的不同而做相应的设定，发电机的过热保护参数设定见表 3-1。

表 3-1 发电机的过热保护参数设定　℃

部件		报警	报警
绕组	B 级	125	135
	F 级	150	170
轴承		90	90

(4) 绝缘电阻。

发电机绕组的绝缘电阻定义为在直流电压下的绝缘电阻,此电压导致通过绝缘体及表面的泄漏电流产生。绕组的绝缘电阻表明了绕组的吸潮情况及表面灰尘的积聚程度,并且即使绝缘电阻值没有达到最低值,也要采取措施干燥或清洁发电机。测量绝缘电阻是把一个直流电压加在绕组被测部分与接地的机壳之间,在电压施加 1 min 后读取其电阻值,绕组其他不测量部分或双速发电机的另一套绕组和测温元件等均应接地。测量结束后必须把被测部分绕组接地放电。对于 690 V 及以下的发电机,用 500 V 的兆欧表对定子绕组三相整体测量时(20℃)的绝缘电阻值(Rinsu)应不低于 3 $(1+U_n)$ MΩ(U_n 为发电机的额定线电压,单位为 kV)。按照经验,温度每增加 12 ℃,绝缘电阻约降一半,反之亦然。如果绝缘电阻低于最低许可值时,可以用最简单的办法来干燥发电机,即把发电机转子堵住,通以约 10% 额定电压的电压产生堵转电流加热绕组,并允许逐渐增加电流直到定子绕组温度达到 90℃(不允许超过这一温度,也不允许增加电压到使发电机转子转起来)。在转子堵转下的加热过程要极其小心,以免损伤转子。维持温度为 90℃ 直到绝缘电阻稳定不变。开始时应慢慢地加热,这样可使潮气自然地通过绝缘层而逸出,而快速加热很可能会使局部潮气压力增加到足以使潮气强行穿过绝缘层而逸出,这样则会使绝缘遭到永久性的损伤。

(5) 发电机的拆装。

一般情况下,不需要拆开发电机进行维护保养,如无特别原因,不需要把转子抽离定子。若必须抽转子,则在抽、塞转子过程中必须注意不要碰伤定子绕组;若需更换轴承(因为轴承是易损件),只需要拉下联轴器,拆开端盖、轴承盖和轴承套等。重新装配后的发电机同样宜先在空载状态下运转 1~12 h,然后再投入带负载运行。

拆开发电机前必须仔细研究发电机制造商提供的发电机总装配图,然后确定拆装步骤。

(6) 轴承。

滚动轴承是有一定寿命的、可以更换的标准件。可以根据制造商提供的轴承维护铭牌、发电机外形图或其他随机资料上提供的轴承型号、润滑脂牌号、润滑脂加脂量和换脂、加脂时间进行轴承的更换和维护。

注意:环境温度对润滑脂润滑性能的影响,对于冬季严寒的地区,冬季使用的润滑脂与夏季使用的润滑脂不宜相同。这要风电场的使用维护人员注意,而发电机制造商一般不会考虑到这么细,他们通常给出的是按常规环境温度工况选取的润滑脂牌号,而且实际上也没有理想的能适应环境温度变化范围为70℃的润滑脂。

(7) 发电机的通风、冷却。

风力发电机一般为全封闭式发电机,其散热条件比开启式发电机要差许多,因此设计机舱时必须考虑冷却、通风系统的合理性。冷却空气要进得来,热空气要排得出,且发电机表面的积灰必须及时消除。

(二) 风力发电机的常见故障

风力发电机常见的故障有绝缘电阻低,振动噪声大,轴承过热失效和绕组断路、短路接地等。下面介绍引起这类故障的可能原因。

(1) 绝缘电阻低。

造成发电机绕组绝缘电阻低的可能原因有:发电机温度过高,机械性损伤,潮湿、灰尘、导电微粒或其他污染物污染、侵蚀发电机绕组等。

(2) 振动、噪声大。

造成发电机振动、噪声大的可能原因有:转子系统(包括与发电机相连的变速箱齿轮、联轴器)运作不平衡,转子笼条有断裂、开焊、假焊或缩孔现象,轴径不圆,轴弯曲、变形,齿轮箱—发电机系统轴线未对准,安装不紧固,基础不好或有共振,转子与定子相擦等。

(3) 轴承过热、失效。

造成发电机轴承过热、失效的可能原因有:不合适的润滑脂,润滑脂过多或过少,润滑脂失效,润滑脂不清洁,有异物进入滚道,轴电流电蚀滚道,轴承磨损,轴弯曲、变形,轴承套不圆或椭圆形变形,发电机底脚平面与相应的安装基础支撑平面不是自然的完整接触,发电机承受额外的轴向力和径向力,齿轮箱—发电机系统轴线未对准,轴的热膨胀不能释放,轴承跑外圈,轴承跑内圈等。

(4) 绕组断路、短路接地。

造成发电机绕组断路、短路接地的可能原因有:绕组机械性拉断、损伤,小头子和极间连接线焊接不良(包括虚焊、假焊),电缆绝缘破损,接线头脱落,匝间短路,潮湿、灰尘、导电微粒或其他污染物污染、侵蚀绕组,相序反向,长时间过载导致发电机过热,绝缘老化开裂,其他电气元件故障造成过电压(包括操作过电压)、过电流而引起绕组局部绝缘损坏、短路,雷击损坏等。

发电机出现故障后,首先应当找出引起故障的原因和发生故障的部位,然后采取相应的措施予以消除。必要时应由专业的发电机修理商或制造商修理。

二、蓄电池维护

正确的使用、维护与保养,可以大大延长蓄电池的寿命。在使用与维护保养时应注意以下几点：

（1）使用蓄电池时，必须弄清蓄电池正、负极的接线柱；当蓄电池长期使用后，由于沾污或擦碰而分不清接线柱极性时，应设法辨明其极性。

（2）蓄电池放电后应立即进行充电，特别是在连续无风期较长的时期更应注意。一般搁置时间不应超过 24 h，以免引起极板硫化，而导致电池损坏。当放电量超过额定容量的 25% 以上时，铅蓄电池应在均匀的充电条件下进行充电，而快速充电将会缩短蓄电池的寿命。

（3）蓄电池在使用过程中，要定期进行电解液液面高度及电解液密度的检查，一般 15~20 天检查一次。当发现蓄电池电瓶液面降低时（一般规定的液面高度应超出电瓶护板 10~15 cm），若判明液面降低是因蒸发而造成的，则应加蒸馏水，并加至规定液面高度；若判明液面降低是因电解液外漏所造成的，则应添加合适密度的电解液。由于使用时温度不同，当液面因蒸发而降低，应及时加水的时间间隔也不相同，铅蓄电池一般为 3~6 个月，碱性蓄电池为 6~12 个月。

检查电解液密度可以了解蓄电池的充、放电程度，蓄电池在不同气候条件下所需的电解液密度是不同的。在正常情况下，电解液的密度范围为 1.24~1.27。

（4）蓄电池每个单格电池的加液孔盖必须拧紧，通气孔必须畅通，以使蓄电池工作时产生的气体可以从孔中逸出。

（5）应防止或避免蓄电池跑电，电池外部表面应保持清洁干燥，避免在蓄电池上放置工具或金属物品。

（6）避免烟火及在高温下使用。在密闭的房间内使用蓄电池时，为了防止蓄电池发出氢气而引起爆炸事故，要进行通风处理，并严禁烟火。此外，蓄电池电解液温度如超过 45℃，则蓄电池的寿命将会缩短，故应避免在高温环境下使用蓄电池。

三、偏航系统维护

（一）偏航系统零部件维护

1. 偏航制动器

（1）维护时需要注意的问题：

1）液压制动器的额定工作压力是否正常；

2）每个月检查摩擦片的磨损情况和裂纹。

（2）维护时必须进行的检查：

1）检查制动器壳体和制动摩擦片的磨损情况，如有必要，应进行更换；

2）根据机组的相关技术文件对偏航制动器进行调整；

3）清洁制动器摩擦片；
4）检查是否有漏油现象；
5）当摩擦片的最小厚度不足 2 mm 时，必须进行更换；
6）检查制动器连接螺栓的紧固力矩是否正确。

2. 偏航轴承

(1) 维护时需要注意的问题：

1）检查轴承齿圈的啮合齿轮副是否需要喷润滑油，如需要，则喷规定型号的润滑油；
2）检查是否有非正常的噪声；
3）检查连接螺栓的紧固力矩是否正确。

(2) 维护时必须进行的检查：

1）检查轮齿齿面的腐蚀情况；
2）检查啮合齿轮副的侧隙是否在允许范围；
3）检查轴承是否需要加注润滑脂，如需要，则加注规定型号的润滑脂。

3. 偏航驱动装置

维护时必须进行的检查：

(1) 检查油位，如低于正常油位应补充规定型号的润滑油到正常油位；
(2) 检查是否有漏油现象；
(3) 检查是否有非正常的机械和电气噪声；
(4) 检查偏航驱动紧固螺栓的紧固力矩是否正确。

(二) 偏航系统维修和保养

1. 应对偏航系统进行的检查

(1) 每月检查油位，如有必要，补充规定型号的润滑油到正常油位；
(2) 运行 2 000 h 后，需用清洗剂清洗，然后更换机油；
(3) 每月检查以确保没有噪声和漏油现象；
(4) 检查偏航驱动与机架的连接螺栓，保证其紧固力矩为规定值；
(5) 检查齿轮副的啮合间隙是否在允许范围；
(6) 制动器的额定压力是否正常，最大工作压力是否为机组的设计值；
(7) 制动器压力释放、制动的有效性是否正常；
(8) 偏航时偏航制动器的阻尼压力是否正常。

2. 维护和保养

(1) 每月检查摩擦片的磨损情况，检查磨擦片是否有裂缝存在；
(2) 当摩擦片最低点的厚度不足 2 mm 时，必须更换；
(3) 每月检查制动器壳体和机架连接螺栓的紧固力矩，确保其为机组的规定值；

（4）制动器的工作压力是否在正常的工作压力范围；

（5）每月对液压回路进行检查，确保液压油路无泄漏；

（6）每月检查制动盘和摩擦片的清洁度、有无机油和润滑油，以防制动失效；

（7）每月或每 500 h，应向齿轮副喷洒润滑油，保证齿轮副润滑正常；

（8）每两个月或每 1 000 h，检查齿面的腐蚀情况，并检查轴承是否需要加注润滑脂，如需要，则加注规定型号的润滑脂；

（9）每三个月或每 1 500 h，检查轴承是否需要加注润滑脂，如需要，则加注规定型号的润滑脂，检查齿面是否有非正常的磨损与裂纹；

（10）每六个月或每 3 000 h，检查偏航轴承连接螺栓的紧固力矩，确保紧固力矩为机组设计文件的规定值，全面检查齿轮副的啮合侧隙是否在允许的范围。

（三）偏航系统常见故障

1. 齿圈、齿面磨损的原因

齿圈、齿面磨损的原因主要如下：

（1）齿轮副的长期啮合运转；

（2）相互啮合的齿轮副齿侧间隙渗入杂质；

（3）润滑油或润滑脂严重缺失使齿轮副处于干摩擦状态。

2. 液压管路渗漏的原因

液压管路渗漏的原因主要如下：

（1）管路接头松动或损坏；

（2）密封件损坏。

3. 偏航压力不稳的原因

偏航压力不稳的原因主要如下：

（1）液压管路出现渗漏；

（2）液压系统的保压蓄能装置出现故障；

（3）液压系统元器件损坏。

4. 异常噪声的原因

异常噪声的原因主要如下：

（1）润滑油或润滑脂严重缺失；

（2）偏航阻尼力矩过大；

（3）齿轮副轮齿损坏；

（4）偏航驱动装置中油位过低。

5. 偏航定位不准确的原因

偏航定位不准确的原因主要如下：

(1) 风向标信号不准确；

(2) 偏航系统的阻尼力矩过大或过小；

(3) 偏航制动力矩达不到机组的设计值；

(4) 偏航系统的偏航齿圈与偏航驱动装置齿轮之间的齿侧间隙过大。

6. 偏航计数器故障的原因

偏航计数器故障的原因主要如下：

(1) 连接螺栓松动；

(2) 异物侵入；

(3) 连接电缆损坏；

(4) 磨损。

四、齿轮箱维护

在风力发电机组中，齿轮箱是重要的部件之一，必须正确使用和维护，以延长其使用寿命。

(一) 安装要求

齿轮箱主动轴与叶片轮毂的连接必须可靠紧固。输出轴若直接与发电机连接时，应采用合适的联轴器，最好是弹性联轴器，并串接起保护作用的安全装置。齿轮箱轴线和与之相连接部件的轴线应保证同心，其误差不得大于所选用联轴器和齿轮箱的允许值，齿轮箱体上也不允许承受附加的扭转力。齿轮箱安装后由人工盘动应灵活、无卡滞现象。打开观察窗盖检查箱体内部机件，应无锈蚀现象。用涂色法检验，齿面接触斑点应达到技术条件的要求。

(二) 空载试运行

按照说明书的要求加注规定的机油至油标刻度线，在正式使用之前，可以利用发电机作为电动机带动齿轮箱空载运转。经检查齿轮箱运转平稳，无冲击振动和异常噪声，润滑情况良好，且各处密封和结合面无泄漏，此时，才能与机组一起投入试运转。加载试验应分阶段进行，分别以额定载荷的25%、50%、75%、100%加载，每一阶段运行以平衡油温为主，一般不得小于2 h，最高油温不得超过80 ℃，其不同轴承间的温差不得高于15 ℃。

(三) 正常运行监控

每次机组启动时，在齿轮箱运转前先启动润滑油泵，待各个润滑点都得到润滑后，间隔一段时间方可启动齿轮箱。当环境温度较低（如小于10℃）时，需先接通电热器加热机油，达到预定温度后才投入运行。若油温高于设定温度（如65℃）时，机组控制系统将使润滑油进入系统的冷却管路，经冷却器冷却降温后再进入齿轮箱。管路中还装有压力控制器和油位控制器，以监控润滑油的正常供应。如发生故障，监控系统将立即发出报警信号，使操作者能迅速判定故障，并加以排除。在运行期间，要定期检查齿轮箱运行状况，观察运行是否平稳、有无振动或异常噪声、各处连接的管路有无渗漏、接头有无松动、油温是否正常。

（四）定期更换润滑油

第一次换油应在首次投入运行 500 h 后进行，以后的换油周期为 5 000~10 000 h。在运行过程中也要注意箱体内油质的变化情况，定期取样化验，若油质发生变化，氧化生成物过多并超过一定比例时，就应及时更换。齿轮箱应每半年检修一次，备件应按照正规图纸制造，更换新备件后的齿轮箱，其齿轮啮合情况应符合技术条件的规定，并经过试运转与载荷试验后再正式使用。

（五）齿轮箱常见故障及预防措施

齿轮箱的常见故障有齿轮损伤、轮齿折断、齿面疲劳、胶合、轴承损坏、断轴、油温高等。

1. 齿轮损伤

齿轮损伤的影响因素很多，包括选材、设计计算、加工、热处理、安装调试、润滑和使用维护等。常见的齿轮损伤有齿面损伤和轮齿折断两类。

2. 轮齿折断（断齿）

断齿常由细微裂纹逐步扩展而成。根据裂纹扩展的情况和断齿原因，断齿可分为过载折断（包括冲击折断）、疲劳折断以及随机断裂等。

过载折断的发生是因为作用在轮齿上的应力超过其极限应力，导致裂纹迅速扩展，常见的原因有突然冲击超载、轴承损坏、轴弯曲或较大硬物挤入啮合区等。断齿断口有呈放射状花样的裂纹扩展区，也有平整的塑性变形，断口副常可拼合。在设计中应采取必要的措施，充分考虑如何预防过载现象。

疲劳折断发生的根本原因是轮齿在过高的交变应力重复作用下，从危险截面（如齿根）的疲劳源起始的疲劳裂纹不断扩展，使轮齿剩余截面上的应力超过其极限应力，造成瞬时折断。在疲劳折断的发源处，其是贝状纹扩展的出发点，并向外辐射。产生的原因是：设计载荷估计不足，材料选用不当，齿轮精度过低，热处理裂纹，磨削烧伤，齿根应力集中等。故在设计时要充分考虑传动的动载荷谱，优选齿轮参数，正确选用材料和齿轮精度，充分保证加工精度以消除应力集中因素等。

随机断裂的原因通常有材料缺陷、点蚀、剥落、其他应力集中造成的局部应力过大或较大的硬质异物落入啮合区。

3. 齿面疲劳

齿面疲劳是在过大的接触剪应力和过多应力循环次数作用下,轮齿表面或其表层下面产生疲劳裂纹,并进一步扩展而造成的齿面损伤,其表现形式有:早期点蚀、破坏性点蚀、齿面剥落和表面压碎等。特别是破坏性点蚀,其常在齿轮啮合线部位出现,并且不断扩展,使齿面严重损伤,磨损继续加大,最终导致断齿失效。正确进行齿轮强度设计、选择好材质、保证热处理质量,选择合适的精度配合、提高安装精度、改善润滑条件等是解决齿面疲劳的根本措施。

4. 胶合

胶合是相啮合齿面在啮合处的边界膜受到破坏,导致接触齿面金属融焊而撕落齿面上金属的现象,很可能是由于润滑条件不好或有干涉引起的,适当改善润滑条件、及时排除干涉起因、调整传动件的参数、解决局部载荷集中问题,可减轻或消除胶合现象。

5. 轴承损坏

轴承是齿轮箱中最为重要的零件,其失效常常会引起齿轮箱灾难性的破坏。轴承在运转过程中,套圈与滚动体表面之间经受交变载荷的反复作用,再加上安装、润滑、维护等方面的因素,而产生点蚀、裂纹、表面剥落等缺陷,进而使轴承失效,从而使齿轮副和箱体产生损坏。据统计,在影响轴承失效的众多因素中,属于安装方面的原因占16%,属于污染方面的原因也占16%,而属于润滑和疲劳方面的因素各占34%。使用中70%以上的轴承达不到预定寿命。因而,重视轴承的设计选型,充分保证润滑条件,按照规范进行安装调试,加强对轴承运转的监控是非常必要的。通常在齿轮箱上设置了轴承温控报警点,对轴承异常高温现象进行监控,同一箱体上不同轴承之间的温差一般也不超过15℃,要随时、随地检查润滑油的变化,发现异常应立即停机处理。

6. 断轴

断轴也是齿轮箱常见的重大故障之一。究其原因是轴在制造中没有消除应力集中因素,在过载或交变应力的作用下,超出了材料的疲劳极限所致。因而对轴上易产生的应力集中部位要给予高度重视,特别是在不同轴径过渡区要有光滑的圆弧过渡,此处的粗糙度要求较低,也不允许有切削刀具刃尖的痕迹。在设计时,轴的强度应足够高,轴上的键槽、花键等结构设计不能过分降低轴的强度。保证相关零件的刚度,防止轴的变形,其也是提高可靠性的相关措施。

7. 油温高

齿轮箱油温最高不应超过80℃，不同轴承间的温差不得超过15℃。一般的齿轮箱都设置有冷却器和加热器，当油温低于65℃时，加热器会自动对油进行加热；当油温高于65℃时，油路会自动进入冷却器管路，经冷却、降温后再进入润滑油路。如齿轮箱出现异常高温现象，则要仔细观察，判断故障发生的原因。首先要检查润滑油供应是否充分，特别是在各主要润滑点处，必须要有足够的油液润滑和冷却。再次检查各传动零部件有无卡滞现象。最后检查机组的振动情况及前后连接接头是否松动等。

实施建议

1. 建议整个任务按照资讯、决策、计划、实施、检查、评估六步法开展教学。

2. 建议在教学过程中突出以学生为主体，主要采用现场教学形式组织教学。

3. 建议到风电场现场和拆装实训室完成教学。

任务二　机组检查及年度例行维护

任务要求

1. 掌握风力发电机组日常及定期检查维护的内容；
2. 学会风力发电机组的定期维护及年度例行维护。

知识学习

一、机组常规巡检和故障处理

风电场的维护主要是指风力发电机组的维护和场区输变电设施的维护。风力发电机组的维护主要包括机组常规巡检和故障处理、年度例行维护及非常规维护。

（一）机组常规巡检

为保证风力发电机组的可靠运行，提高设备可利用率，需在日常的运行维护工作中建立日常登机巡检制度。维护人员应当根据机组运行维护手册的有关要求，并结合机组运行的实际状况，有针对性地列出巡检标准工作内容并形成表格，工作内容叙述应当简单明了、目的明确，以便于指导维护人员的现场工作。通过巡检工作力争及时发现故障隐患，防患于未然，有效地提高设备运行的可靠性。有条件时应当考虑借助专业故障检测设备，加强对机组运行状态的监测和分析，进一步提高设备管理水平。

（二）风力发电机组的日常故障检查处理

风力发电机组的日常故障检查处理内容如下：

（1）当机组有异常情况报警信号时，运行人员要根据报警信号所提供的故障信息及故障发生时计算机记录的相关运行状态参数，分析、查找故障原因，并且根据当时的气象条件，采取正确的方法及时进行处理，并在"风电场运行日志"上认真做好故障处理记录。

（2）当液压系统油位及齿轮箱油位偏低时，应检查液压系统及齿轮箱有无泄漏现象发生。若有，则根据实际情况采取适当防止泄漏的措施，并补加油液，使其恢复到正常油位。在必要时应检查油位传感器的工作是否正常。

（3）当风力发电机组液压控制系统压力异常而自动停机时，运行人员应检查油泵工作是否正常。如油压异常，应检查液压泵电动机、液压管路、液压缸、有关阀体和压力开关，必要时应进一步检查液压泵本体工作是否正常，待故障排除后再恢复机组运行。

（4）当风速仪、风向标发生故障，即风力发电机组显示的输出功率与对应风速有偏差时，应检查风速仪、风向标转动是否灵活。如无异常现象，则应进一步检查传感器及信号检测回路有无故障，如有故障，应予以排除。

（5）当风力发电机组在运行中发现有异常声响时，应查明声响部位。若为传动系统故障，应检查相关部位的温度及振动情况，分析具体原因，找出故障隐患，并做出相应处理。

（6）当风力发电机组在运行中发生设备和部件超过设定温度而自动停机时，即风力发电机组在运行中发电机温度、晶闸管温度、控制箱温度、齿轮箱温度、机械卡钳式制动器刹车片温度等超过规定值而造成了自动保护停机，此时运行人员应结合风力发电机组当时的工况，通过检查冷却系统、刹车片间隙、润滑油脂质量、相关信号检测回路等，查明温度上升的原因。待故障排除后，才能启动风力发电机组。

（7）当风力发电机组因偏航系统故障而造成自动停机时，运行人员应首先检查偏航系统电气回路、偏航电动机、偏航减速器、偏航计数器和扭缆传感器的工作是否正常。必要时应检查偏航减速器润滑油油色及油位是否正常，借以判断减速器内部有无损坏。对于偏航齿圈传动的机型，还应考虑检查传动齿轮的啮合间隙及齿面的润滑状况。此外，因扭缆传感器故障导致风力发电机组不能自动解缆的也应予以检查处理。待所有故障排除后再恢复启动风力发电机组。

（8）当风力发电机组转速超过限定值或振动超过允许振幅而自动停机时，即风力发电机组运行中，由于叶尖制动系统或变桨系统失灵，瞬时强阵风以及电网频率波动造成风力发电机组超速；由于传动系统故障、叶片状态异常等导致的机械不平衡、恶劣电气故障导致的风力发电机组振动超过极限值。以上情况的发生均会使风力发电机组故障停机。此时，运行人员应检查超速、振动故障的原因。经检查处理并确认无误后，才允许重新启动风力发电机组。

（9）当风力发电机组桨距调节机构发生故障时，对于不同的桨距调节形式，应根据故障信息检查、确定故障原因，需要进入轮毂时应可靠锁定叶轮。在更换或调整桨距调节机构后，应检查机构动作是否正确可靠，必要时应按照维护手册进行机构连接尺寸测量和功能测试。经检查确认无误后，才允许重新启动风力发电机组。

（10）当风力发电机组安全链回路动作而自动停机时，运行人员应借助就地监控机提供的故障信息及有关信号指示灯的状态，查找导致安全链回路动作的故障原因。经检查处理并确认无误后，才允许重新启动风力发电机组。

（11）当风力发电机组运行中发生主空气开关动作时，运行人员应当目测检查主回路元器件外观及电缆接头处有无异常，在拉开变侧开关后应当检测发电机、主回路绝缘以及晶闸管是否正常。若无异常可重新试送电，借助就地监控机提供的有关故障信息进一步检查主空气开关动作的原因。若有必要应考虑检查就地监控机跳闸信号回路及空气开关自动跳闸机构是否正常。经检查处理并确认无误后，才允许重新启动风力发电机组。

（12）当风力发电机组运行中发生与电网有关的故障时，运行人员应当检查场区输变电设施是否正常。若无异常，风力发电机组在检测电网电压及频率正常后，可自动恢复运行。对于故障机组，必要时可在断开风力发电机组主空气开关后，检查有关电量检测组件及回路是否正常，熔断器及过电压保护装置是否正常。若有必要应考虑进一步检查电容补偿装置和主接触器工作状态是否正常。经检查处理并确认无误后，才允许重新启动机组。

（13）由气象原因导致的机组过负荷或发电机、齿轮箱过热停机，叶片振动，过风速保护停机或低温保护停机等故障，如果风力发电机组自启动次数过于频繁，值班长可根据现场实际情况决定风力发电机组是否继续投入运行。

(14) 若风力发电机组运行中发生系统断电或线路开关跳闸，即当电网发生系统故障造成断电或线路故障导致线路开关跳闸时，运行人员应检查线路断电或跳闸原因（若逢夜间应首先恢复主控室用电），待系统恢复正常后，再重新启动机组，并通过计算机并网。

(15) 风力发电机组因异常需要立即进行停机操作的顺序如下：

1) 利用主控室计算机遥控停机。

2) 遥控停机无效时，则就地按"正常停机"按钮停机。

3) 当正常停机无效时，使用"紧急停机"按钮停机。

4) 上述操作仍无效时，拉开风力发电机组主开关或连接此台机组的线路断路器，之后疏散现场人员，做好必要的安全措施，避免事故范围扩大。

(16) 风力发电机组事故处理：在日常工作中风电场应当建立事故预想制度，定期组织运行人员做好事故预想工作。根据风电场自身的特点完善基本的突发事件应急措施，对设备的突发事故争取做到指挥科学、措施合理、沉着应对。发生事故时，值班负责人应当组织运行人员采取有效措施，防止事故扩大并及时上报有关领导。同时应当保护事故现场（特殊情况除外），为事故调查提供便利。事故发生后，运行人员应认真记录事件经过，并及时通过风力发电机组的监控系统获取反映机组运行状态的各项参数记录及动作记录，组织有关人员研究分析事故原因，总结经验教训，提出整改措施，汇报上级领导。

二、风力发电机组的年度例行维护

风电场的年度例行维护是风力发电机组安全可靠运行的主要保证。风电场应坚持"预防为主，计划检修"的原则，根据机组制造商提供的年度例行维护内容，并结合设备运行的实际情况制订出切实可行的年度维护计划。同时，应当严格按照维护计划工作，不得擅自更改维护周期和内容，并切实做到"应修必修，修必修好"，使设备处于正常的运行状态。

运行人员应当认真学习掌握各种型号机组的构造、性能及主要零部件的工作原理，并在一定程度上了解设备的主要组装工艺和关键工序的质量标准。在日常工作中注意基本技能与工作经验的培养和积累，不断改进风力发电机组维护管理的方法，提高设备管理水平。

（一）年度例行维护的主要内容和要求

1. 电气部分

电气部分年度例行维护的主要内容如下：

（1）传感器功能测试与检测回路的检查；

（2）电缆接线端子的检查与紧固；

(3) 主回路绝缘测试;

(4) 电缆外观与发电机引出线接线柱检查;

(5) 主要电气组件(如空气断路器、接触器、继电器、熔断器、补偿电容器、过电压保护装置、避雷装置、晶闸管组件、控制变压器等)外观检查;

(6) 模块式插件检查与紧固;

(7) 显示器及控制按键开关功能检查;

(8) 电气传动桨距调节系统(如驱动电动机、储能电容、变流装置、集电环等部件的检查、测试和定期更换)的回路检查;

(9) 控制柜柜体密封情况检查;

(10) 机组加热装置工作情况检查;

(11) 机组防雷系统检查;

(12) 接地装置检查。

2. 机械部分

机械部分年度例行维护的主要内容如下:

(1) 螺栓连接力矩检查;

(2) 各润滑点润滑状况检查及油脂加注;

(3) 润滑系统和液压系统油位及压力检查;

(4) 滤清器污染程度检查,必要时做更换处理;

(5) 传动系统主要部件运行状况检查;

(6) 叶片表面及叶尖扰流器工作位置检查;

(7) 桨距调节系统的功能测试及检查、调整;

(8) 偏航齿圈啮合情况检查及齿面润滑;

(9) 液压系统工作情况检查、测试;

(10) 钳盘式制动器刹车片间隙检查、调整;

(11) 缓冲橡胶组件的老化程度检查;

(12) 联轴器同轴度检查;

(13) 润滑管路、液压管路、冷却循环管路的检查,固定及渗漏情况检查;

(14) 塔架焊缝、法兰间隙检查及附属设施功能检查;

(15) 风力发电机组防腐情况检查。

(二) 年度例行维护周期

正常情况下,除非设备制造商有特殊要求,否则风力发电机组的年度例行维护周期是固定的,即:新投运机组为 500 h (一个月试运行期后) 例行维护;已投运机组为 2 500 h (半年) 例行维护,5 000 h (全年) 例行维护。

部分机型在运行满3年或5年时，在5 000 h例行维护的基础上增加部分检查项目，实际工作中应根据机组运行状况参照执行。表3-2是某风力发电机组定期维护计划表，可供用户参考。

表 3-2 风力发电机组定期维护计划

维护工作内容	组装	第1个月	3个月	半年	1年	其他
塔架/塔架的连接螺栓	X 全部	X 全部	—	X3	X3	—
塔架/基础的连接螺栓	X 全部	X 全部	—	X3	X3	—
偏航轴承的连接螺栓	X 全部	X 全部	—	K3	K3	—
叶片的连接螺栓	X 全部	X 全部	—	X3	X3	—
轮毂/叶片的连接螺栓	X 全部	X 全部	—	X3	X3	—
齿轮箱/机舱底板连接螺栓	X 全部	X 全部	—	K3	K3	—
齿轮油油位	OL	OL	OL	OL	T、C	至少4年后
齿轮油过滤器	—	C		C	C	—
钳盘式刹车连接螺栓	X 全部	X 全部	—	X3	X3	—
发电机连接螺栓，润滑油脂	X, G	X, G	G	G	X, G	
万向节连接螺栓，润滑油脂	X, G	X, G	G	G	X, G	
偏航齿轮箱/底板连接螺栓	X	X	—	—	K	
偏航齿轮箱油位	OL	OL	OL	OL	G/2 年	
偏航轴承润滑	—	G	G	G	G	
偏航齿润滑	G	G	G	G	G	
偏航刹车的连接螺栓	X 全部	X 全部	—	—	X 全部	
检查偏航刹车闸垫	—	X	X	X	X	
液压油油位	OL	OL	OL	OL	G/2 年	
液压油过滤器	—	C			G/2 年	
振动传感器功能检查	X	X			X	
扭缆开关功能检查	X	X	X		X	
风速仪和风向标	K	X	—	X	X	
上部开关盒	X	X		X	X	
开关柜	X	X			X	

续表

维护工作内容	组装	第1个月	3个月	半年	1年	其他
叶片	X	—	X	—	X	—
塔架焊缝	—	X	—	—	—	—
防腐检查	X	X	—	—	X	—
清洁风力机	X	X	—	—	X	—

注：X3——先抽查3个螺栓，如果有1个螺栓的力矩不对，就要检查所有的螺栓；
X——检查；OL——检查油位；T——检查油品质量；C——换油；G——加注润滑油脂；"—"——无维护项目。
维护人员：
维护日期：

（三）维护计划的编制

风力发电机组年度例行维护计划的编制应以机组制造商提供的年度例行维护内容为主要依据，并结合风力发电机组的实际运行状况，在每个维护周期到来之前进行整理编制。计划内容主要包括工作开始时间、工作进度计划、工作内容、主要技术和安全措施、人员安排以及针对设备运行状况应注意的特殊检查项目等。在计划编制时还应结合风电场所处地理环境和风力发电机组维护工作的特点，在保证风力发电机组安全运行的前提下，根据实际需要适当调整维护工作的时间，以尽量避开风速较高或气象条件恶劣的时段。这样不但能减少由维护工作导致计划停机的电量损失，降低维护成本，而且有助于改善维护人员的工作环境，进一步增加工作的安全系数，提高工作效率。

（四）检修工作总结

风力发电机组检修工作的总结如下：

（1）风力发电机组的维护检修工作必须要把安全生产作为重要的任务，工作中严格遵守风力发电机组维护工作安全规程，做到"安全与生产的统一"，确保维护检修工作的正常进行。

（2）严格控制维护检修工作的进度，在计划停机时间内完成维护检修计划中所列的工作内容，并保证达到要求的技术标准。按规定填写有关质量记录，在工作负责人签字确认后及时整理、归档。

（3）工作过程中应当加强成本控制，严格管理，统筹安排，避免费用超支。

（4）工作时要注意保持工作场地的卫生，废弃物及垃圾统一收集，集中处理，树立洁净能源的良好形象。

（5）维护检修工作结束后，检修工作负责人应对各班组提交的工作报告进行汇总整理，组织班组人员对在维护检修工作中发现的问题及隐患进行分析研究，并及时采取针对性的措施，进一步提高设备的完好率。

（6）整个工作过程结束后，检修工作负责人应对维护检修计划的完成情况和工作质量进行总结。同时，还应综合维护检修工作中发现的问题，对本维护周期内风力发电机组的运行状况进行分析评价，并对下一维护周期内风力发电机组的预期运行状况及注意事项进行阐述，为今后的工作提供有益的积累。

三、运行维护记录的填写

（一）"风电场运行日志"的填写

"风电场运行日志"主要记录风电场日常的运行维护信息和场区有关气象信息。其主要内容有：机组的日常运行维护工作（包括安装、调试、故障处理、零部件更换），机组的常规故障检查处理记录，巡视检查记录（含变电所），场区当日的风速、风向、气温、气压，同时还应当注明当天值班人员以及发生故障时检查处理的主要参与人员。所有内容要求填写详细，尽可能包含较多的信息。

（二）"风力发电机组非常规维护记录单"的填写

"风力发电机组非常规维护记录单"主要记录风力发电机组非常规维护的主要工作内容、主要参加人员、工作时间及机组编号等信息。

（三）"风力发电机组检修工作记录单"的填写

"风力发电机组检修工作记录单"主要记录风力发电机组年度检修工作的项目，其包括：工作检查测试项目、螺栓检查力矩、油脂用量、维护周期、主要参与人员及机组编号等信息。

（四）"风力发电机组零部件更换清单"的填写

"风力发电机组零部件更换记录单"主要记录风力发电机组更换零部件的名称、产品编号、使用年限、更换日期、机组编号及工作人员等信息。

（五）"风力发电机组油品更换加注记录单"的填写

"风力发电机组油品更换加注记录单"主要记录风力发电机组使用的油品型号、更换及加注时的用量、使用年限、加注日期、机组编号及工作人员等信息。

以上记录单的填写，要求在工作完成后及时进行，力求做到记录内容清晰、字迹工整，填写人必须署名，填写完成后应当及时存档保管。

四、风力发电机组的非常规维护

发生非常规维护时,应当认真分析故障产生的原因,制订出周密细致的维护计划。采取必要的安全措施和技术措施,保证非常规维护工作的顺利进行。重要部件(如叶轮、齿轮箱、发电机、主轴)的非常规维护重要技术负责人应在场进行质量把关,对关键工序的质量控制点应按有关标准进行检验,确认合格后方可进行后续工作,一般工序由维护工作负责人进行检验。全部工作结束后,由技术部门组织有关人员进行质量验收,确认合格后进行试运行。由主要负责人编写风力发电机组非常规维护报告并存档保管,若有重大技术改进或部件改型,还应提供相应的技术资料及图纸。

实施建议

1. 建议整个任务按照资讯、决策、计划、实施、检查、评估六步法开展教学。

2. 建议在教学过程中突出以学生为主体,并通过模拟仿真的形式组织教学。

3. 建议到风电场现场和仿真实训室完成教学。

实例介绍 1 500 kW 风力机各部件维护工作

一、塔架

(一)塔架间连接螺栓维护

塔架间连接螺栓均为 M36,力矩为 2 250 N·m,维护时所需工具有液压扳手、55 套筒、线滚子和 55 敲击扳手。

上紧塔架间连接螺栓需要三个人配合,一个人控制液压扳手,一个人摆放扳手头,在紧螺栓的时候如果螺栓打滑,最后一个人则应该用敲击扳手掰在塔架法兰下表面的螺栓头上。使用液压扳手时注意不要把手放在扳手头与塔筒壁之间,以防扳手滑出压伤手掌。三个人应该紧密配合,确保安全。

在塔架连接的平台上预设有插座(见图 3-1),可以提供液压扳手所需要的电源。液压扳手通过提升机直接拉到上层塔架平台上。提升液压扳手在接近平台时要使用慢挡,并由一个人手扶,以避免和平台发生碰撞,如图 3-2 所示。

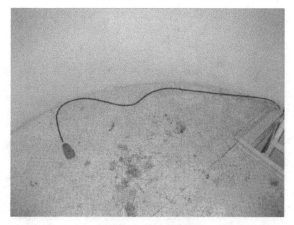

图 3-1 预设插座

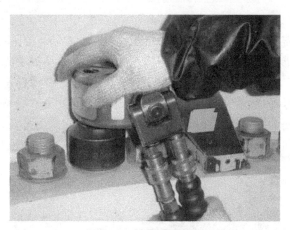

图 3-2 操作液压扳手

(二) 塔架Ⅲ与回转支承连接的维护

连接螺栓为 M30×220，力矩为 1 350 N·m，根据液压扳手的扭矩对照表，可查出相应的对照值；维护时所需工具有液压扳手、41 套筒和线滚子。

紧塔架Ⅲ与回转支承连接螺栓需要至少两个人配合，一个人负责托住液压扳手头（此项工作比较费力，可以轮流做或暂停休息），另一个人负责控制液压扳手开关。

注意：如果液压扳手反作用臂作用在塔架壁上，则应在两者之间垫一块 2 cm 厚的木板，以免反作用臂擦伤塔架油漆，如图 3-3 所示。

图 3-3 液压扳手与塔壁间垫木板

(三) 梯子、平台紧固螺栓检查

检查时所需工具有两把 12 mm 活动扳手或两把 24 mm 开口扳手。

机舱上的维护工作完成后,可安排一个人带上活动扳手先下风力机,并顺便检查梯子、平台紧固螺栓。检查螺栓时只要拧拧看螺栓有没有松动,如有松动拧紧螺母即可,不需要用很大的力,以免脚下失去平衡。平时上下梯子时如发现有松动的螺栓也应该及时紧固,如图 3-4 所示。

梯子及任何一层平台上沾有油液、油渍的话,都必须清理干净。

图 3-4 爬梯

(四) 电缆和电缆夹块维护

电缆夹块固定螺栓较容易松动,每次维护时都必须全部检查,如图 3-5

所示。检查平台螺栓时可将电缆夹块固定螺栓一并紧固。要注意查看电缆是否有扭曲、表面是否有裂纹及是否有下滑的迹象（见图3-6、图3-7）。

图3-5　电缆夹块

图3-6　电缆（一）

（五）塔架焊缝维护

检查塔架焊缝是否有裂纹。

（六）塔架照明维护

塔架照明灯如有不亮，需查出是灯管坏掉还是整流器坏掉，并及时进行修理或更换，因为塔架内光线不足容易发生意外。

图3-7 电缆（二）

二、风轮

检查风轮罩表面有无裂痕、剥落、磨损和变形，风轮罩支架支撑及焊接部位是否有裂纹。

（一）风轮锁紧装置维护

风轮锁紧装置与机舱连接螺栓为 M27×235（见图3-8），力矩为 1 350 N·m，根据液压扳手的扭矩对照表，可查出相应的对照值；维护时所需工具有液压扳手或 1 500 N·m 的扭力扳手、41套筒及SKF油枪。

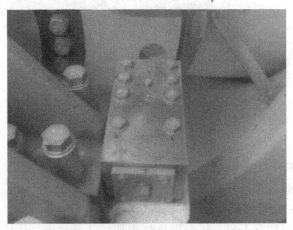

图3-8 风轮锁紧装置与机舱连接

为确保工作人员的安全，到轮毂里作业前必须用风轮锁紧装置完全锁紧风轮，其锁紧方法如下：

停机后桨叶到顺桨位置,一人在高速轴端手动转动高速轴制动盘,一人观察轮毂转到方便的位置,松开定位小螺柱,用扳手逆时针旋转锁紧螺柱,锁紧装置内的锁紧柱销就会缓缓伸出。当锁紧柱销靠近锁紧盘时,慢慢转动风轮,使锁紧柱销正对风轮制动盘上的锁紧孔,然后继续逆时针旋转锁紧螺柱,直到锁紧柱销伸入锁紧孔 1/2 以上位置为止。轮毂内作业完成,所有工作人员回到机舱后,应顺时针拧锁紧螺柱直到锁紧柱销完全退回到锁紧装置内,锁紧上面的小螺柱,以防止运行时风轮与锁紧栓销相碰,所以运行前锁紧螺栓必须完全退回锁紧装置。

风轮锁紧装置的维护需用 SKF 润滑脂,且每个油嘴 10 g。

(二) 高速轴锁紧装置维护

其连接螺栓为 M20×50;力矩为 420 N·m。

高速轴锁紧装置是安装在齿轮箱后部的一个插销式锁紧装置(见图 3-9),锁紧装置通过插销把锁紧装置和高速轴制动圆盘固定,其具有简单、快捷的特点。

图 3-9 高速轴锁紧装置

(三) 变桨轴承与轮毂连接维护

其连接螺栓为 M30×210,力矩为 1 350 N·m;维护时所需工具有液压扳手、46 套筒和线滚子。

如图 3-10 所示,将液压扳手搬到机舱罩前部,并把它放置在安全位置上。液压扳手头和控制板由两个人分别控制,调好压力,开始检查螺栓力矩。

液压扳手电源从塔上控制柜引出。

图 3-10 变桨轴承与轮毂连接维护操作

（四）桨叶与变桨轴承连接维护

连接螺栓为 M30×210，其力矩为 1 250 N·m，维护时所需工具有液压扳手、50 中空扳手头和线滚子。

1 500 kW 风力发电机组每片桨叶都有自己独立的变桨系统，每片桨叶能够单独变桨。由于轮毂内位置有限，在紧螺栓时，需要进行 2～3 次的变桨动作，因为只有将桨叶转到不同位置，才能检查到全部的桨叶螺栓（见图 3-11）。

图 3-11

在变桨动作时，首先要打开维护开关，之后才可以在控制柜内手动操作，对桨叶进行360°回转。

维护工作如下顺序进行：

(1) 在机舱控制柜内切断轮毂 UPS 及断路器 Q20.1 和 Q20.3；

(2) 切断主柜的 1F2、1F3 和 1F4 断路器；

(3) 拔下连接轴柜的行程开关插头 H（1、2 或 3）；

(4) 拔下连接轴柜的电动机插头 C（1、2 或 3）。

只有这样才能可靠保证电动机不会带动回转齿圈，在维护结束时，应当按反向顺序进行恢复。

另外，在维护工作进行的时候还需注意以下事项：

(1) 只有在完全保证电动机不会带动齿圈旋转的情况下才能进行维护。在此过程中身体的任何部位或工具都不应接触回转齿圈；

(2) 当手动操作一片桨叶进行维护时，必须保证其他两片桨叶在顺桨位置。

（五）风轮罩与轮毂连接维护

连接螺栓为 M16，力矩为 200 N·m，维护时所需工具有扭力扳手、24 开口扳手和活扳手。

检查所有风轮罩与支架连接螺栓、支架与轮毂连接螺栓，按维护表要求将螺栓紧到相应扭矩，并检查 M16 以下连接螺栓（见图 3-12）。

图 3-12 风轮罩维护操作

（六）检查轮毂内螺栓连接

1 500 kW 风力发电机组在轮毂内除了桨叶螺栓连接外，还包括轴控柜支架、限位开关、变桨电动机等部件的螺栓连接，按照维护表要求，把所有固定螺栓紧固到规定力矩（见图 3-13）。

图 3-13 轮毂内维护操作

轮毂内变桨电动机与轮毂的连接使用内六角螺栓，要求使用 14 mm 的旋具头和扭力扳手将其紧固到要求力矩（见图 3-14）。

图 3-14 轮毂内变桨电动机与轮毂的连接

（七）变桨集中润滑系统维护

系统所用油脂类型为 Rhodina BBZ。

1 500 kW 变桨润滑采用 BAKE 公司集中润滑系统，检查集中润滑系统油箱油位，油位少于 1/2 时必须添加润滑脂（见图 3-15），半年维护的用油量约为 1.8 kg，记录前后油脂面的刻度，验证油脂的实际用量是否准确。检查油管和润滑点，确认油管是否脱离或有泄漏现象。

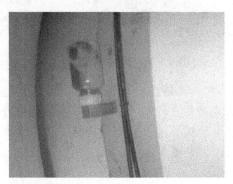

图 3-15 加润滑脂

(1) 维护工作进行时需注意以下事项：

强制润滑：按泵侧面的红色按钮，可以在任何时候启动一个强制润滑（见图3-16）。这个强制润滑按钮也可以用来检查系统的功能。在维护过程中需对集中润滑系统进行1~2次的强制润滑，以确保润滑系统正常工作。

图3-16 强制润滑

(2) 检查集油盒：集油盒内的废油超过容量的1/5，则需清理，如图3-17所示。

轮毂内维护工作完成后，必须对轮毂内卫生清理并做仔细检查，保持轮毂内清洁，严禁变桨齿圈和驱动小齿轮的齿面存在垃圾和颗粒杂质，以致对变桨齿圈或电极造成损坏。

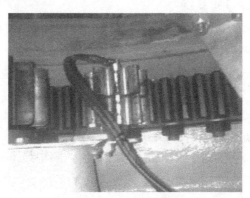

图3-17 变桨齿清理

（八）检查桨叶表面

站在机舱罩上需做好安全防护措施，仔细检查桨叶根部和风轮罩的外表面，确认其是否有损伤或表面是否有裂纹。检查桨叶是否有遭雷击的痕迹。

三、主轴

(一) 主轴集中润滑系统维护

系统所用油脂类型为 SKF LGWM1。

1 500 kW 主轴润滑采用 BAKE 公司集中润滑系统,检查集中润滑系统油箱油位,油位少于 1/2 时必须添加润滑脂,半年维护的用油量约为 2.4 kg,记录前后油脂面的刻度,验证油脂的实际用量是否准确。检查油管和润滑点,确认油管是否脱离或有泄漏现象。

维护工作进行时需注意以下事项:

(1) 强制润滑:按泵侧面的红色按钮,可以在任何时候启动一个强制润滑。这个强制润滑按钮也可以用来检查系统的功能。在维护过程中需对集中润滑系统进行 1~2 次的强制润滑,以确保润滑系统正常工作。

(2) 积油盆清理:在主轴轴承座正下方有一积油盆,应对积油盆进行定期清理,保持机组整洁。

(二) 主轴与轮毂连接维护

其连接螺栓为 M36×330,力矩为 2 250 N·m,维护时所需工具有液压扳手、55 套筒和线滚子。

先检查上半圈连接螺栓,再转动风轮将下半圈的螺栓转上来进行检查。为操作方便,检查前需先拆防护栏,检查完后再装回。

注意:为保障安全,不能在转动风轮时进行螺栓的检查工作。

(三) 主轴轴承座维护

其连接螺栓为 M39×340,力矩为 3 000 N·m,维护时所需工具有液压扳手、55 套筒和线滚子。

主轴轴承座螺栓两侧共有 10 个,打液压扳手时,可将扳手反作用力臂靠在相邻的螺栓上。

(四) 主轴轴承座与端盖维护

其连接螺栓为 M20×60,力矩为 420 N·m。

检查主轴轴承座与端盖连接的所有螺栓时,其中最下面几颗螺栓可以在拆掉积油盆后检查。

(五) 胀套维护

其连接螺栓为 M30,力矩为 1 900 N·m(按膨胀套规定的扭力),维护时所需工具有液压扳手、46 套筒和线滚子。

转动主轴,检查膨胀套螺栓是否可至规定扭力。

四、齿轮箱

(一) 齿轮箱常规检查

检查齿轮箱和各旋转部件、接头、结合面是否有油液泄漏（见图 3-18）。在故障处理后，应及时将残油清理干净。

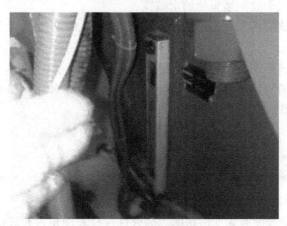

图 3-18 齿轮箱检查

检查齿轮箱的油位，在力风机停机时，油标应位于中上位。

检查齿轮箱在运行时是否有异常的噪声。

(二) 弹性支撑轴与圆挡板连接

其连接螺栓为 M30×70，力矩为 1 350 N·m，维护时所需工具有液压扳手、46 套筒、线滚子。

检查垫块是否有移位；按规定检查力矩。

(三) 弹性支撑与机舱连接

其连接螺栓为 M36×550，力矩为 2 250 N·m，维护时所需工具有液压扳手、55 套筒、线滚子。

按规定检查力矩；检查弹性支撑的磨损状况，确认其是否有裂缝以及老化情况。

注意：在液压扳手工作时，扳手反作用力臂禁止直接作用在齿轮箱箱体上。

(四) 齿轮油的更换

所用齿轮油型号为 Omala HD 320 或 Mobil SHCXMP 320。

齿轮油使用 3~5 年后，必须更换。更换油液时，必须使用和先前同一牌号的油液。为了清除箱底的杂质、铁屑和残留油液，齿轮箱必须用新油液进行冲洗。高黏度的油液必须进行预热。新油液应该在齿轮箱彻底清洗后注入。

齿轮油在更换时需注意的事项如下：

(1) 在放油堵头下放置合适的积油容器，并卸下箱体顶部的放气螺帽。

(2) 把油槽及凹处的残留油液吸出或用新油进行冲洗，冲洗时也可以把油槽中的杂质清除干净。

(3) 清洁位于放油堵头处的永磁铁。

(4) 拧紧放油堵头（检查油封：堵头处受压的油封可能失效），必要时可更换放油堵头。

(5) 卸下连接螺栓，抬起齿轮箱盖板进行检查。

(6) 将新的油液过滤后注入齿轮箱（过滤精度：60 μm 以上），同时必须使油液可以润滑轴承以及充满所有的凹槽。

(7) 检查油位（油液必需加到油标的中上部）。

(8) 盖上观察盖板，装上油封。

五、联轴器

(一) 联轴器表面维护

观察联轴器表面有无变形扭曲、高弹性连杆表面是否有裂纹。

(二) 联轴器连接维护

由于联轴器的特殊性（起刚性连接和柔性保护作用），要求严格按照规定的力矩检查。

(三) 齿轮箱输出轴与发电机输入轴对中

在机组月维护、半年维护和一年维护时，都要进行对中测试。轴向偏差应为 (700 ± 0.25) mm，径向偏差要求为 0.4 mm，角向偏差为应为 $0.1°$。如果测试值大于以上精度要求，则要对发电机进行重新对中。

六、发电机

(一) 发电机集中润滑系统维护

维护时所需工具有油枪一把；所用油脂型号为 Mobilith SHC 100 润滑脂。

发电机润滑使用林肯集中润滑系统（见图 3-19），半年维护使用油脂量约为 0.3 kg，检查集中润滑系统油箱油位，如有必要则添加 Mobilith SHC 100 润滑脂，并记录前后油脂面的刻度。检查润滑系统泵、阀及管路是否正常、有无泄漏。

维护工作进行时需注意以下事项：

强制润滑：启动一个强制润滑，用来检查系统的功能。在维护过程中对集中润滑系统进行 1~2 次的强制润滑，以确保润滑系统正常工作。

项目三 风力发电机组维护

图 3-19 林肯集中润滑系统

（二）发电机滑环、炭刷维护

通常发电机主电刷和接地电刷的寿命为半年左右，在维护时维护人员要特别注意。

维护人员在维护时应打开发电机尾部的滑环室，检查滑环表面痕迹和炭刷磨损情况。正常情况下各个主电刷应磨损均匀，不应出现过大的长度差异；滑环表面应形成均匀薄膜，不应出现明显色差与划痕，如果表面有烧结点、大面积烧伤或烧痕、滑环径向跳动超差，则必须重磨滑环。在观察过程中注意不要让滑环室上盖的螺栓或弹垫掉入滑环室。

主电刷和接地电刷高度小于新炭刷 1/3 高度时需要更换炭刷，更换的新炭刷要分别使用粗大砂粒和细砂粒的砂纸包住滑环，对新炭刷进行预磨，电刷接触面至少要达到滑环接触面的 80%。磨完后仔细擦拭电刷表面，并将其安装到刷握里，同时确定各刷块均固定良好。清洁滑环室、集尘器，清洁后测量绝缘电阻。

注意：更换主电刷后必须限制机组功率在小于 50% 容量的情况下运行 72 h 后，才能解除限制，此时允许机组运行到满功率，以便确保新电刷和滑环能形成良好的结合面。

（三）发电机与弹性支撑连接维护

其螺栓为 M30×90，力矩为 1 350 N·m，维护时所需工具有液压扳手、46 mm 中空扳手头。

检查各连接螺栓力矩。

（四）发电机弹性支撑与机舱连接维护

其螺栓为 M16×30，力矩为 200 N·m，维护时所需工具有 24 套筒、300 N·m 扭力扳手。

检查各连接螺栓力矩。

（五）发电机常规检查

检查接线盒和接线端子的清洁度。确保所有的电线都接触良好，发电机轴承及绕组温度无异常。检查风扇清洁程度。检查发电机在运行中是否存在异常响声。

（六）动力电缆、转子与接线盒的连接螺栓

检查全部M16连接螺栓，其扭矩为75 N。

（七）主电缆的检查

检查主电缆的外表面是否有损伤，尤其是电缆从机舱穿过平台到塔架内的电缆和电缆的对接处，确认其是否有损伤和下滑现象，紧固每层平台的电缆夹块，同时检查灭火器压力（见图3-20）。

图3-20 主电缆及灭火器

七、偏航系统

（一）偏航驱动器维护

其连接螺栓为M20×115，力矩为420 N·m，维护时所需工具有600 N·m力矩扳手和12英寸[①]活扳手。

部分螺栓在维护过程中由于位置局限不能用力矩扳手扳紧，此时要求用扳手敲紧。检查偏航齿轮箱油位以及偏航齿轮油有无泄漏。检查偏航电动机在偏航过程中有无异常响声（见图3-21）。

---

① 1英寸=25.4 mm。

图 3-21 偏航电动机

(二) 偏航轴承维护

(1) 偏航轴承与机舱连接维护。

其连接螺栓为 M30×215,力矩为 1 350 N·m,维护时所需工具有液压扳手和 46 套筒。

检查所有螺栓,由于偏航大圆盘的限制,通过偏航大圆盘的孔只能拧紧螺栓的 1/4,所以拧紧前要求圆盘孔和螺栓对准,拧好后,手动操作偏航系统到下一个螺栓距离再拧紧,反复 4 次即可完成全部螺栓的拧紧工作(见图 3-22)。

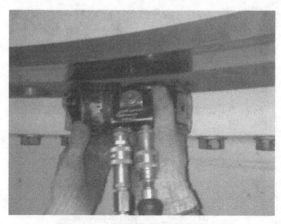

图 3-22 偏航轴承连接维护操作

(2) 回转支承润滑。

润滑时所需工具有油枪一把;所用油脂型号、数量为 4 支 400 g/支的 Mobilith SHC 460 润滑脂。

启动偏航电动机,在油嘴处打油,1 500 kW 机组的回转支承在同一位置处有上、下2个油嘴,其均要进行打油操作(见图3-23),回转支承至少运转一周,以确保整个回转支承都有润滑。

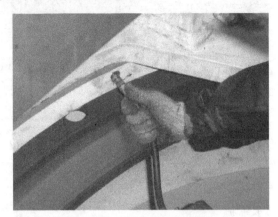

图3-23 回转支承润滑操作

(三) 偏航制动器维护

其连接螺栓为 M27×350;力矩为 1 000 N·m;维护时所需工具有液压扳手或 1 500 N·m 扭力扳手、46 套筒。

检查所有的螺栓扭矩,并检查偏航制动圆盘上有无油迹,如有油迹,则需把油污擦净(见图3-24)。

图3-24 检查偏航制动器

(四) 偏航大齿轮润滑

所用润滑油脂为马力士 GL95(低温)。

在偏航大齿轮齿面上均匀涂润滑油脂,检查大齿轮和偏航电动机的间隙,并检查齿面有无明显的缺陷。

八、液压系统

(一) 液压系统

图 3-25 所示为液压系统的外形，液压系统主要安装在机舱座前部、主轴下面。其主要作用是给高速制动器和偏航制动器提供压力。

液压系统的压力：

$$P_{max} = 150 \text{ bar}①, \quad P_{min} = 140 \text{ bar}$$

图 3-25 液压系统的外形

(二) 液压系统常规检查

主要检查内容如下：

(1) 检查液压系统管路、液压系统到高速制动器和偏航制动器之间的高压胶管及偏航制动器间连接的硬管等是否有渗油现象。

(2) 在断电情况下，可以通过手动打压再旋动接头来手动控制高速制动器（见图 3-26、图 3-27）。

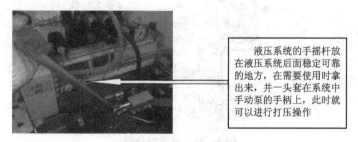

> 液压系统的手摇杆放在液压系统后面稳定可靠的地方，在需要使用时拿出来，并一头套在系统中手动泵的手柄上，此时就可以进行打压操作

图 3-26 手动打压操作

---

① 1bar = 10^5 Pa。

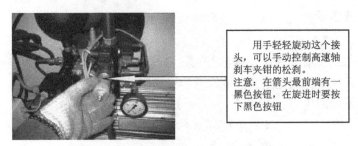

图 3-27 手动控制高速制动器的操作

（三）液压油的更换

为了保证液压系统正常运行，液压油初运行一年后必须全部更换，之后液压油每两年更换一次。

将液压油泵停掉，打开油缸底部的放油帽，将放出来的油液全部放到事先准备好的容器里。重新拧好放油帽，加油至油标中线以上。

九、高速制动器

（一）高速制动器与齿轮箱连接维护

其连接螺栓为 M20×50，力矩为 420 N·m，维护时所需工具有 600 N·m 扭力扳手和 30 套筒。

维护的主要工作内容如下：

(1) 检查高速制动器（见图 3-28）和齿轮箱连接螺栓。

(2) 检查制动圆盘的间隙及磨损情况，如果间隙大于 1 mm，则需调整。

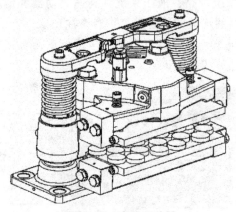

图 3-28 高速制动器

（二）刹车装置维护

(1) 刹车片间隙调整。

所需工具有 300 N·m 扭力扳手一把、内六角扳手一套。

调整工作的内容如下:

1) 锁紧风轮制动盘,松开高速刹车夹钳。

2) 调整刹车片间隙。

3) 松开调节螺杆上的锁紧螺母,将调节螺杆向内拧紧,使制动盘两边刹车片距离相等,重新拧紧锁紧螺母。

(2) 刹车片的更换(见图3-29)。

刹车片更换的工作内容如下:

1) 刹车片磨损了5 mm,当总厚度≤19 mm时,必须更换刹车片。

2) 锁紧风轮制动盘,松开高速刹车夹钳。

3) 完全松开上侧刹车片垫块上的螺栓,拿开刹车片垫块。

4) 拧下刹车片背面的两个内六角螺栓,取出磨损刹车片。

5) 换上新刹车片。

6) 检查液压连接和电气控制信号的正确性,并检查刹车片两侧间隙是否对称等。

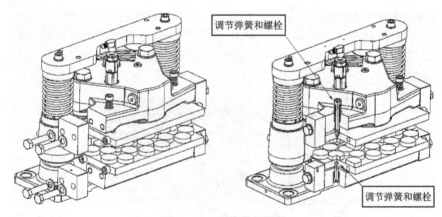

图3-29 刹车片的更换

(3) 检查刹车圆盘。

检查刹车圆盘是否有油污或者其他黏附物,任何污染物都必须清除干净。检查圆盘表面,必须保证圆盘表面平整且圆盘边缘没有条纹状裂纹。

十、润滑冷却系统

(一) 冷却系统常规检查

检查各个润滑点是否有润滑,主要是查看齿轮箱内是否有油对齿轮进行润滑及齿轮油油路顺序是否正确。

冷却系统(见图3-30)的常规检查,检查冷却系统的接头是否漏油、冷却循环的压力表工作时是否有压力及冷却风扇风向是否正常。

图3-30 冷却系统

检查在润滑冷却循环系统中的软管是否固定可靠、是否老化或存在裂纹。

(二) 冷却系统滤芯的更换

首先将冷却油泵停掉,并将准备好的容器放置到滤油器下方的放油阀下,打开放油阀,放完滤油器中残留的油液后,关闭放油阀。

逆时针方向拧开滤油器上方端盖,用手拧住滤芯上部的拉环,往上提起滤芯。卸下滤芯底部黄色端盖,清理干净后将其重新装在新的滤芯底部(见图3-31)。

图3-31 冷却系统滤芯的更换

将新的滤芯装回滤油器,并将之前放出的齿轮油液倒回滤油器中后,重新旋紧滤油器上方端盖,并恢复其他接线。

十一、电滑环检查

机组在正常运行时,维护人员应每个月打开发电机尾部的滑环室一次,以检查滑环表面痕迹和炭刷磨损情况。正常情况下各个主电刷应磨损均匀,不应出现过大的长度差异。滑环表面应形成均匀薄膜,不应出现明显色差与划痕(见图3-32)。在观察过程中注意不要让滑环室上盖的螺栓或弹垫掉入滑环室。

图3-32 电滑环检查

每半年清洁滑环室一次,清洁后测量绝缘电阻。每年清洁集尘器一次:打开集尘器侧板,并清洗或更换过滤棉。

十二、塔底控制系统、变频器

(一)塔底控制系统维护

(1)检查塔底控制系统软件是否能正常操作。

(2)检查控制系统硬件是否完好,并检查控制柜内、外连线是否破损。

(二)变频器维护

检查变频器现场的工作性能是否正常;检查变频器各组件是否完好,定期更换;检查连接螺栓是否紧固。

十三、机舱罩及提升机

(一)机舱罩连接检查

检查所有机舱罩上、下部分连接螺栓是否有松动。

(二)机舱罩表面检查

检查机舱罩玻璃钢表面是否有裂纹或破损。

(三)提升机常规检查

检查提升机的快慢挡是否正常,提升机的电源线和接地线有没有损伤。

提升机在工作时,操作人员应注意自身安全,站立稳当。起吊过程中,保持起吊速度平稳,以防止物品撞击塔身和平台。

十四、风速风向仪及航空灯

检查风速风向仪功能是否正常；检查所有固定螺栓，并用扳手手动扳紧；检查航空灯功能是否正常、固定是否牢靠。

十五、防雷接地系统

（一）炭刷及传感器检查

检查连接主轴和机舱座的炭刷接地是否正常，炭刷是否和主轴紧密接触；检查炭刷磨损情况（见图3-33）。

检查各个传感器的螺栓是否紧固，各个信号指示灯和传感器是否正常。

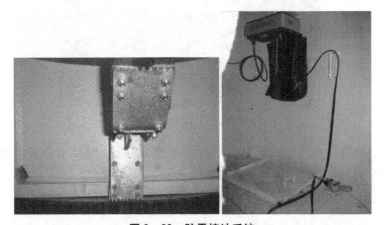

图3-33 防雷接地系统

（二）发电机接地检查

检查接地线和机舱座的连接螺栓是否紧固；检查接地线绝缘层是否有破损。

（三）风向风速仪接地检查

检查接地线和塔架的机舱座螺栓是否紧固；检查接地线绝缘层是否有破损。

（四）塔架间连接检查

检查两根接地线和塔架的连接螺栓是否紧固；检查接地线是否有破损。

（五）塔架、控制柜与接地网连接检查

检查两根接地线和塔架的连接螺栓是否紧固，接地线绝缘层是否有破损；检查接地线和控制柜的连接螺栓是否紧固，接地线绝缘层是否有破损。

参考文献

［1］任清晨．风力发电机组安装、运行与维护［M］．北京：机械工业出版社，2010．

［2］苏绍禹．风力发电机设计与运行维护［M］．北京：中国电力出版社，2003．

［3］熊礼俭．风力发电新技术与发电工程设计、运行、维护及标准规范实用手册［M］．北京：中国科学文化出版社，2005．

［4］邵联合．风力发电机组运行维护与调试［M］．北京：化学工业出版社，2011．

［5］张俊妍，李玉军，张振伟．风力发电场建设［M］．天津：天津大学出版社，2011．

［6］电力行业职业技能鉴定指导中心．风力发电运行检修员［M］．北京：中国电力出版社，2006．